数 学 诗 话

Mathematics
&
Poetry
Zhang Xianke

张贤科
著

清华大学出版社
北京

内 容 简 介

本书融合数学与诗情，收入 60 多首诗词及注，还有多篇治学方法的文章。主要是作者在中国科学技术大学，清华大学等长期数学教学及科研生涯中，为教学、学生培养和科研而创作的。共分 4 章：第 1 章女王诗赞（数学释义篇），以诗词诠释重要数学概念及定理；第 2 章鲲鹏举翼（数学劝学篇），对年轻人科研人生道路的鼓励引导；第 3 章为伊憔悴（数学追求篇），不悔的追求苦旅中，以诗言志为记；第 4 章敲门即开门（治学方法篇），包含 4 篇治学方法和学术人生的文章。

图书在版编目（CIP）数据

数学诗话/张贤科著．—北京：清华大学出版社，2021.11（2022.11 重印）
ISBN 978-7-302-59411-6

Ⅰ．①数… Ⅱ．①张… Ⅲ．①数学—文集 Ⅳ．①O1-53

中国版本图书馆 CIP 数据核字（2021）第 212831 号

责任编辑：刘　颖
封面设计：傅瑞学
责任校对：赵丽敏
责任印制：宋　林

出版发行：清华大学出版社
　　　　网　　　址：http://www.tup.com.cn，http://www.wqbook.com
　　　　地　　　址：北京清华大学学研大厦 A 座　　　邮　　　编：100084
　　　　社　总　机：010-83470000　　　　　　　　　邮　　　购：010-62786544
　　　　投稿与读者服务：010-62776969，c-service@tup.tsinghua.edu.cn
　　　　质量反馈：010-62772015，zhiliang@tup.tsinghua.edu.cn
印　装　者：涿州市般润文化传播有限公司
经　　　销：全国新华书店
开　　　本：148mm×210mm　**印　　张：**4.625　　**字　　数：**128 千字
版　　　次：2021 年 11 月第 1 版　　　　　　　**印　　次：**2022 年 11 月第 3 次印刷
定　　　价：29.80 元

产品编号：090494-01

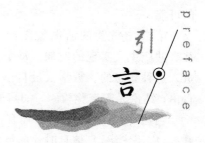

　　数学,科学的女王,光辉普照之下,有人崇拜痴心追寻,有人畏威怯之不前。那么,立志追寻数学女王好不好呢?

　　当代最伟大的物理学家(和数学家)之一杨振宁,1996 年在"杨武之讲座"上比较物理和数学,说道:"理论物理的研究工作是提出'猜想',……只要言之成理,不管是否符合现实,都可以发表。……如果被实验所否定,发表的论文便一文不值。数学就不同,发表的数学论文只要没有错误,总是有价值的。因为那不是猜出来的,而有逻辑的证明。逻辑证明了的结果,总有一定的客观真理性","数学的结果以及得出这些结果的过程都是很重要的。"杨先生总结说:"理论物理的工作好多是做无用功,在一个不正确的假定下猜来猜去,文章一大堆,结果全是错的。不像数学,除了个别错的以外,大部分都是对的,可以成立"。

　　杨先生的这段话,首先我们从浅层意义上能看到,数学研究并不是很"难":论文总有价值,结果总有客观真理性。

　　其实,这里也隐含两个深层问题。第一是关于永恒真理性。人类总是追求永恒,中国自古追求三不朽,孙悟空学艺追求的是永生不灭。可以说,数学的定理才真正是永恒的,而且随着时光流驰会愈发光大繁茂。而别的学科多是"前浪"被拍灭的过程。这凸显出做数学的"好处":你的一篇论文将永放光芒,还有开山立派或建立根据地的可能。

第二,杨先生的话也蕴含着,做数学的"自由性"。自由令人向往。共产主义实现的时候"每个人都自由发展"。而数学人是最早进入这种状态的。数学人最自由:研究方向和选题自由;工作方式自由;结论无需实验检验,一旦确立永为典范。

当然,做数学的"好处"还有很多:数学是科学的女王,各学科的基础,应用广泛,是信息时代的灵魂,是"数字化"之祖,是软件之本,是高科技的内核。无需大型设备,无需长期实验。学数学的人生高度没有天花板,永恒的顶峰很辉煌。学好数学走遍天下都需要。如果有一天不想做纯数学了,那改学应用数学、理工各科、计算机、信息、金融,都是顺风顺水,直挂云帆。

这里要说明一点,虽然数学论文讲究逻辑推理,但这并不说明数学就是逻辑。数学是科学。数学研究也类似于很多科学研究。避开哲学名词,按我体会,数学更像农业,而非工业。农业中,你栽下一棵桃树,浇水、施肥、维护,三五年后这树就自然地开花结果。而如果让你工业合成一只桃子,那很难,做不到。做数学就像种桃树,而不是像工业那样去急于合成制造一只桃子,并为失败而焦躁绝望。科研也很像登山,努力正规训练足够长时期,多数人是能登到很高高度的,登顶也不是神话。你看,这样说起来,做数学并不很"难"吧。

总之一句话:立志做数学确实好。盘算下来,只有理论物理和数学有些类似。但杨先生已将二者比较了。做数学似乎更潇洒。

那么本书何意?数学与诗词,有何交集?

数学与诗词的最大交集是 —— 壮怀激烈!

　　　　数学与诗情齐飞,热血与火焰一色!

无激情则无数学。伽罗瓦、阿贝尔,如流星燃烧,不是偶然的。无激情则无诗歌,王勃、李贺,流星般燃烧的中外诗人太多。—— 当然有人会说,老数学家老诗人也不少啊 —— 那是他们控制了激情之火慢慢燃烧。他们不是不烧,是烧了一辈子!所以在这里我要郑重告诉年轻人:要控制好激情之火使之能持续燃烧。当然,所谓"壮怀激烈",除了激情烈火之外,还有襟怀心志,远谋和弘毅。

要学好做好数学，或者任一门学科，依我的观察，最重要的是"壮怀激烈"：高远的心志，燃烧的激情之火。这是能创造出瑰丽的数学、能迸发出绝妙诗句的必要条件，甚至是充分条件。当然，数学与诗的渊源不止于此：或数学入诗，或数学如诗，或在追求数学女王的崎岖苦旅中常有诗情相伴，超越苦艰，高歌再进。诗言志，歌咏言。在文为诗，于理则化为数学，篇章灿烂。我见过的华罗庚、曾肯成等不少数学家，都是一路有诗，诗情感人，才情照人。

我在中国科学技术大学、清华大学、南方科技大学等高校长期任教。在教学、学生培养过程中，在数学的学习研究生涯中，有时以诗言志，以诗代言。现在从中选取一些有意思的编为一册。期望有益于年轻的学者。

本书分4章：

第1章　女王诗赞（数学释义篇）。以诗词诠释重要的数学概念、定理，鲜明描画其意义精神，利于理解记忆，引发心志兴趣。

第2章　鲲鹏举翼（数学劝学篇）。教学和指导研究生过程中，对年轻人如何走科研—人生之路方面的鼓励、指导，师生交流思想，在尖子班教学过程中等作的诗。

第3章　为伊憔悴（数学追求篇）。在追寻数学女王的崎岖之路上，有转折点、美景点，以诗言志立为路标，描下"一失难摹"的情景。

第4章　敲门即开门（治学方法篇）。可视为附录。收录4篇治学方法和学术人生的文章。这些是在中国科学技术大学、清华大学等为指导学生和研究生而写。主要有：治学法与辩证法七题，少年心事当拿云，愿创新伴你远航，大鹏展翅向九天（附本人作词作曲的《南方科技大学之歌》）。

希望这些感动过我的诗、话和路标，能有益于有心的来者。

感谢我的师友和学生们，与你们共度的多彩时光才产生出这本书。最后感谢我夫人苏克秀的支持和参与整理。

　　　"流光结下黄金果，蜡卷贝叶隐诗痕"。

张贤科　2020.6 于清华园

目录

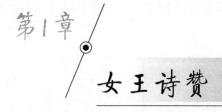

第1章

女王诗赞

chapter 1

（数学释义篇）

万物皆数。数是万物之灵。数学是万物所以构成的原则。数学是各门科学的女王。数论是数学的女王。

近年来，在写作数论和代数书文中，在教学中，在追寻更深切、更鲜明、更透视的领悟和思路时，不禁对一些节点概念写下诗赞。多从真义、悟点、类比、志趣、科学精神等角度侧写。也许能为读者在追寻数学的旅路上，作几处标记，增添些兴趣，能有所启发、有所陪伴和会意。

本节诗赞多写于2015年左右，深圳西丽。另标的除外。

1.1 女王约请

女王约请

瑶池女王绮窗开，
折桂痴子几时来？
未须八骏寻万里，
天门三叩即为开！

说明

"数学女王"这个名号，源自数学王子高斯(Gauss)的名言：

"数学是诸门科学之女王，数论是数学之女王。
她经常屈尊谦和帮助天文学和其他的自然科学，
但是无论在哪方面，她都享有权利位居至尊。"
("Mathematics is the queen of sciences and
number theory is the queen of mathematics.
She often condescends to render service
to astronomy and other natural sciences,
but in all relations she is entitled to
the first rank. "
——As quoted in Gauss zum Gedächtniss(1856)
by Wolfgang Sartorius von Waltershausen)

伽利略(Galileo Galilei)也说：

"数学是科学之门和钥匙。"
(Mathematics is the key and door to the sciences)

评述

数学女王，她经常屈尊谦和地帮助天文学、物理学、信息通信、人工智能和其他所有科学。她是智慧的化身，是指点迷津的导师，通晓万物奥秘，启迪人类认知。她是"数字化"之本，"软件"之核，高科技的灵魂。她是各门科学的女王，位居至尊，尊严华贵，高高在天，引古今天下无数英才折腰追寻。

自古道：有志者事竟成，敲门即开门。本书作者告这"数学女王"之情于志士痴子曰：女王正依窗而待，天门三叩即开！

胜利只属于勇于追求她的人！

1.2　费马大定理传奇

费马大定理传奇

费马一猜三百年，　十代天才凋朱颜！
库默信来惊鸢尾，　怀斯春去献婵娟。
缪斯痴子志怀远，　胜利女神召向前。
漫言理想似虚幻，　自强不息能制天！

数学含义

费马提出大猜想，天下无人能解，已经三百五十多年，
十几代世界天才人物，苦苦追求不得，憔悴损了容颜。
库默尔来信震惊了巴黎，改换时代，转移了数学中心。
怀尔斯闭关八春秋献身，欲得心血结晶献给爱妻娜妲。
科学缪斯的痴情者们，前仆后继，志夺桂冠，
胜利女神在召唤，鼓舞着斗士英才奋勇向前。
不要说理想是虚幻的概念，会消失于变换，
自强不息，制天命而用，梦想必能实现！

注

1. 费马：也译费尔马（Fermat）。法国 17 世纪数学家。
2. 库默：也译库默尔（Kummer），德国 18 世纪数学家。鸢尾是法国国花。
3. 怀斯：指怀尔斯（Wiles），美籍英国数学家，用八年时光解决了费尔马大定理。婵娟指怀尔斯的新婚妻子，也指数学女王。
4. 缪斯（Muses）：希腊神话中主司艺术与科学的九位女神的总称。
5. 胜利女神（Nike，Victoria）：希腊和罗马神话中的女神，胜利的化身。
6. 理想（ideal）：一种代数结构，映射或变换之后化为零；也指梦想和抱负。

7. 自强不息能制天：《易经》言"天行健，君子以自强不息"。荀子言"怨天者无志""制天命而用之"。

数学注记

约在 1637 年，费马写下猜想：

$$x^n + y^n = z^n (n \geqslant 3) \quad \text{没有非零整数解。}$$

这被称为费马大定理（Fermat's last theorem）。这是数学史上最著名的问题，引得无数各类人等，包括众多天才，百般探讨，殚精竭虑。直到 350 多年后，1994 年 9 月 19 日，安德鲁·约翰·怀尔斯（Andrew John Wiles，1953.4.11— ）经 8 年卓绝的奋斗，才最终证明了费马大定理，震惊世界，被公认是现代数学最伟大的成就。

从 1637 年到 1847 年，200 多年间，费马大定理只被证明了 $n = 4, 3, 5, 7$ 这四种情形。

在 1847 年 3 月 1 日，拉梅（Lame）在巴黎科学院演讲，宣布证明了费马大定理，用到某种复数的唯一因子分解。这立刻激起持续的争论：刘维尔（Liouville）等反对，柯西（Cauchy），旺策尔（Wantzel）等支持，并忙于写作投入秘密档案袋以抢占可能的优先权。激烈混乱的争论一直到 1847 年 5 月 24 日，刘维尔宣读德国数学家库默尔的来信说：复数没有唯一因子分解性质，他三年前已证明；不过这可以通过他发明的"理想"来挽救；用"理想"可证明费马大定理 $n \leqslant 100$ 的情形（除 37, 59, 67 外）。

库默尔的来信震惊了巴黎科学院。它事实上宣布了由"数"到"理想"（和其他结构）的历史性转折，数学从此关心的是"结构"而非"数"，宣布了现代数论时代的到来，宣布了世界数学中心由法国从此转移到德国。库默尔创立的"理想"理论，后由德国的数学家戴德金（Dedekind）发展，极大地推动了数论和费马大定理的研究。

费马大定理的证明在历史上曲折艰难，不断掀起热潮巨澜。顶尖的数学家高斯、柯西等都曾热衷，而终无可奈何。法国巴黎科学院为此两次设立大奖：1816 年，1850 年。特别应提到保罗·沃尔夫斯克尔（Paul Wolfskehl），曾迷恋美女但失恋，计划到夜半自杀，在等待自杀时刻的空闲中，随手翻到费马大定理的讨论，被深深吸引，不觉黎明已至,忘了自杀。这时的他也不想自杀了,从数学中感受到了自信和人生的意义。后来他人生很成功。用毕生大部分财产为费马大定理设立大奖十万马克,奖期 100 年(1908—2007.9.13)。在奖期即将截止的时候,怀尔斯夺得这一世纪的桂冠。

1983 年 5 月,一个重大新闻传遍了世界:德国 29 岁的数学家 G. 法尔廷斯(G. Faltings)证明了莫代尔(Modell)猜想。由此可直接推知:费马的方程最多存在有限多个整数解。看似离终点只有一步之遥了。

到 1993 年,证明到 $n < 400$ 万情形下费马大定理成立。

真正的重大转机出现在 1985—1986 年。1985 年,G. 弗雷(G. Frey)猜测:若谷山丰(Y. Taniyama)猜想是正确的,则费马大定理也是正确的。1986 年夏,K. 瑞拜特(K. Ribet)证明了弗雷的猜测。

怀尔斯一听说瑞拜特的结果,立刻暗下决心实现他童年的梦想。他在自家顶楼上潜心七年,几乎切断与外界的一切联系,终于在 1993 年 6 月 23 日在英国宣布证明了费马大定理。此消息立刻震动了世界。但数月后,一个疑问无论如何解答不了。又经过一年的挣扎终告失败。

但在 1994 年 9 月 19 日早晨,怀尔斯在他的顶楼上,突然在思维的闪电中找到了迷失的钥匙!10 月 6 日他把证明完稿送给爱妻娜妲(Nada)作为生日礼物——去年今日他曾允而留憾。娜妲在他刚开始证明时与之结婚,多年来是他秘密工作的唯一共悲欢者。

怀尔斯的论证属于代数数论和算术代数几何,主要用到椭圆曲线的数论理论。椭圆曲线意义重大,用它还证明出了高斯猜想等,基于椭圆曲线的信息加密算法是新一代最佳算法。

评述

费马大定理谱写了 358 年曲折的传奇历史,极大地推动了现代主流数学的发展,催生了理想论视角下的代数数论和算术代数几何。这一传奇体现了人类追求真理的永恒不屈精神,也实证了现代高度抽象数学的威力——科学性、实在性和实用性,实证了真理是可以认识的,人类的认知是无界的。

1.3 整数赞

> **整数赞**
>
> 开辟鸿蒙先有一，
> 一生二三整数集。
> 加减乘法皆封闭，
> 除法有遗生传奇。

数学含义

天地开辟，文明初始，人类首先认识到数一，数起于一。

一加一为二，二加一为三，如此生出自然数，发展出整数集。

整数集对加、减、乘法三种运算封闭，结果仍在整数集里。

整数间的除法常有余数，这个带余除法将演绎出数论传奇。

整数简介

人类从一只羊、一只兔子、一块石头、一根手指等，渐渐认识到数一。而后认识到 2,3 等自然数，再发展出整数。整数集合就是正负自然数和零全体。整数集合常用 $\mathbb{Z}$ 表示，整数集合对于加、减、乘法运算是封闭的，即两个整数相加、相减或相乘之后仍得整数（例如 $2-3=-1,2\times3=6$，结果仍然是整数）——因此，整数集合称为"是一个环"（ring）。

整数环 $\mathbb{Z}$ 的最重要性质是可以进行带余除法，例如 17 除以 10，用带余除法表示为

$$17=10\times1+7,$$

其中 7 为余数。一般而言，对任意整数 a,b，其中 $b\neq0$，必存在整数 q,r 使得

$$a=bq+r,\quad \text{且 } 0\leqslant r<b。$$

此 r 称为余数。带余除法特别重要，能推演出整数的许多性质。带余除法还能被推广到整数之外去，例如多项式可进行带余除法。将

来会定义：对加、减、乘法运算封闭（且运算性质类似于整数）的集合称为环；能进行带余除法运算的环称为欧几里得整环（Euclidean Domain）。因此，整数环**Z**是最古典的欧几里得整环。

评述

L. 克罗内克（L. Kronecker，1823—1891）有句名言："上帝创造了自然数，其余的一切皆是人为"（God made natural numbers；all else is the work of man）。其实，自然数限制较多；整数集才是数论的首个大好用武之地。整数集是数论的圣地。整数集对加、减、乘法封闭（因而称为环）。整数的除法常遗留余数（带余除法），这是整数集的最重要性质（因而称之为欧几里得整环），它可推导出整数的许多其他性质。

整数的这些性质，在两千多年前古希腊即已发现，例如在欧几里得的《几何原本》中就有涉及，至今更加鲜亮夺目、意义非凡。

1.4 辗转相除赞

辗转相除赞

千古神算数辗转，
天地轮回翻大衍。
到底大道归于一，
能定律历规矩天。

数学含义

辗转相除，三千年前的算法真是神奇(也称大衍求一术)。

被除数和除数(分数线上下)颠倒轮回，反复演绎。

互素整数辗转相除最终得一(使众多问题解法归于统一)，

应用于制定音律和历法，可推算出天体运行的规律。

数学含义解释

以 17 与 10 的辗转相除为例。首先做带余除法，$17 = 10 \times 1 + 7$，此式也可写为

$$\frac{17}{10} = 1 + \frac{7}{10},$$

即将 17/10 写为其整数部分和小数部分(零头)之和。然后，将零头 $\frac{7}{10}$ 的分子、分母颠倒再做带余除法，得

$$\frac{10}{7} = 1 + \frac{3}{7}。$$

继续，将零头的分子、分母颠倒再做带余除法，得

$$\frac{7}{3} = 2 + \frac{1}{3}。$$

其零头为 1/3，分子、分母颠倒后为 3/1，可整除，不再有零头。于是辗转相除到此结束。上述三式可写为如下常见形式：

$$17=10\times1+7，\quad 10=7\times1+3，\quad 7=3\times2+1$$

我们看到最后一个余数是 1，此为"到底大道归于一"的含义之一。

由 $17=10\times1+7$ 知，17 和 10 的最大公因子 $(17,10)=(7,10)$。同理，由后两式知道 $(7,10)=(7,3)=(1,3)=1$。从而知道 17 和 10 的最大公因子是 1（即二者互素）。这是辗转相除的第一个用处，由辗转相除法我们知道了如下定理。

定理 1　任意两个非零整数的最大公因子是存在的，就等于辗转相除的最后余数。

我们看，上述第 3 式可写为 $1=7-3\times2$。将前两式中 $3=10-7$ 和 $7=17-10$ 代入，得到

$$1=7-(10-7)\times2=7\times3-10\times2=(17-10)\times3-10\times2=17\times3-10\times5。$$

即得

$$1=17\times3-10\times5，$$

此式称为贝祖（Bezout）等式，一般形式为如下定理。

定理 2　两个整数的最大公因子可以写为此两整数的整数倍之和。详言之，设 a,b 为任意两个非零整数，则可由辗转相除法求得整数 u,v，使得 a,b 的最大公因子 d 满足：

$$ua+vb=d。$$

我们来看一个"不定方程"求整数解问题：

$$17x+10y=3。$$

可以用辗转相除解决：我们上面已经得到 $17\times3-10\times5=1$，两边乘以 3 得到

$$17\times9-10\times15=3。$$

故 $x=9,y=-15$ 是原方程的一个解。一般解为

$$x=9+10k，\quad y=-15-17k\quad（其中 k 为任意整数）。$$

这种解不定方程的方法，也称为大衍求一术，由我国宋代数学家秦九韶给出。

辗转相除法实质上等价于连分数，它在天文历法和音律等方面

的应用,留待后面连分数处再讨论。

评述

　　辗转相除法最早出现于欧几里得的《几何原本》,故也称为欧几里得算法(Euclidean algorithm),是可以追溯到 3000 年前的古老算法。它是求最大公因子的奇妙方法(不需要预先分解因子),该方法和所得贝祖等式,意义深远。近现代有着到现代数论(多项式、欧环、纽结)、天文、历法、乐律、密码和各种算法等不可胜数的理论发展和实际应用。中国也独立发现辗转相除法(见于《九章算术》等),秦九韶谓之"大衍求一术"。

1.5　分解之妙

分解之妙

混沌盘古劈地天，
氢氦锂铍始分辨。
从此万物抔圆珠，
数家分合仟把玩。

科学含义

宇宙之初鸿蒙不分，无天无地。

后来逐步离析，分出氢氦锂铍等原子和各个物体。

故万物乃原子聚合，整数皆素数之积，理义相似。

如此科学家只需处理原子和素数的分合，握掌至易。

说明

两个整数可做带余除法，从而可辗转相除，可得最大公因子和贝祖等式。由此可证明整数的唯一分解定理：每个整数可唯一写为若干素数之积。

由整数的唯一分解定理，每个整数可被视为一抔珍珠（若干素数相乘），这使问题极易处理。例如 $12=2\times2\times3$，好比是由三颗珍珠 $2,2,3$ 组成。而 10 是由 $2,5$ 这两颗珍珠组成。故 12 和 10 的最大公因子（共同的珍珠）是 2。而 12 和 10 的最小公倍数（不同的珍珠）是 $2\times2\times3\times5=60$。

更广泛地看，人类考察任意对象时，总是先将其分解，然后考察其各部即可。孙子曰："治众如治寡，分数是也"，正得"分解之妙"。

评述

整数可做带余除法，反复进行带余除法就是辗转相除，从而得出最大公因子的存在性和求法，得到贝祖等式，由此可推知整数的唯一分解定理。这是很著名的逻辑链：

带余除法→辗转相除→贝祖等式→唯一分解。

这一逻辑链和思路也将被发展用于其他许多对象。粗略地说（对于数论和代数几何的许多情形），能进行带余除法的环称为欧几里得整环（Euclidean domain，ED），贝祖等式成立的环是主理想整环（principal ideal domain，PID），元素能唯一因子分解的环称为唯一因子分解整环（unique factorization domain，UFD）。上述逻辑链约相当于：ED→PID→UFD。

1.6 多项式形式

多项式形式

自由无羁艾克斯，
生成形式多项式。
心有灵犀英蒂吉，
几何数论双比翼。

数学含义

不定元 x（艾克斯）自由自在无约束，

艾克斯（与常数加减乘）生成多项式形式。

多项式形式和整数（英蒂吉，integers）性质类比相通，

这发展出代数几何与代数数论两门学科的类比相通。

数学解释

符号 x 最初作为未知数引入数学，后演化为变量或变元，现在则进一步成为"不定元"。无论是未知数还是变量，还是有一定约束的（例如限定取值为实数），但作为不定元，则不再受约束，是自由的（例如，并不限定其取值范围，甚至不再取值——当然还是设 $2x \cdot 3x = 6x^2$ 等）。这样一来，x 就生成多项式形式。例如 $x+1,x^2+1$，这是两个不同的多项式形式。多项式形式不同于多项式函数。例如，$x+1$ 和 x^2+1 作为二元域 $F_2=\{0,1\}$ 上的多项式函数，是相等的（x 作为自变量取值只能为 0 或 1）。

评述

整数集合 $\mathbf{Z}$ 和域 F 上多项式形式集合 $F[x]$，二者最基本的性质类比相通。例如，二者都是整环（对加、减、乘运算封闭等）。最重要的是，多项式形式也可进行带余除法（通过所谓长除法进行）。因此，对整数成立的下列逻辑链，对多项式形式也是成立的：

带余除法→辗转相除→贝祖等式→唯一分解。

从而多项式形式也是可以唯一因子分解的。

整数集 $\mathbf{Z}$ 和多项式形式集 $F[x]$ 之间的类比相似,将有深入广大的发展延伸,并最终发展为代数数论($\mathbf{Z}$ 的深度发展)和代数几何($F[x]$ 的深度发展)理论之间的相似、类比、互促、和统一。二者共通的基础理论——交换代数,是很重要的现代基础课。

自由无羁的艾克斯和英蒂吉这对小精灵,比翼双飞,美妙无限,真是值得夸赞。

1.7 连分数赞

> **连分数赞**
>
> 莲花步步最可人，
> 参罢天机律乐音。
> 有理来归情有限，
> 二次锦上织回文。

数学含义

实数可用连分数表示，步步皆得最佳有理逼近。

可推演出天文、闰历、日月食、星象等规律、乐律谐音。

有理数（分数）的连分数是有限的，可明白列出在眼前。

平方根（二次数）的连分数是循环的，易于研究二次数论。

（连分数的这些性质远远优于小数）。

评述

连分数历史古老，欧几里得辗转相除即生成连分数。其引入十分自然，人们常用数的整数部分代替此数，若要再精确一点，就再给出其小数部分的倒数之整数部分，等等，即为连分数。用连分数表示实数，比用十进制小数更合理：因为这"10"的选取不自然，不唯一；而连分数超脱了这些，纯粹。连分数步步皆是最佳逼近，而十进制小数不然。"小分子分母"分数的连分数皆短小（而小数不然）。分数的连分数是有限的，反之亦然（而分数的小数表示却可能是无限的）。二次数（平方根）的连分数是循环的，反之亦如此（而二次数的小数表示可能是无限不循环的）。可见，用连分数讨论二次数，就犹如用小数讨论分数一般容易，都是循环的。连分数更有不可计数的应用：最佳逼近、超越数、不定方程、天文、历法、日月食、火星大冲、乐律制定，等等。

数学举例

例 1 $\frac{17}{10}$ 的连分数表示的求法。

先做带余除法,将余数的倒数再做带余除法,反复进行,则得如下系列等式(前述转转相除已得):

$$\frac{17}{10}=1+\frac{7}{10}, \qquad \frac{10}{7}=1+\frac{3}{7}, \qquad \frac{7}{3}=2+\frac{1}{3}。$$

以后式逐步代入前式,得 $\frac{17}{10}=1+\cfrac{1}{1+\cfrac{3}{7}}$,最后得到 $\frac{17}{10}$ 的连分数表示为

$$\frac{17}{10}=1+\cfrac{1}{1+\cfrac{1}{2+\cfrac{1}{3}}}。$$

上式简记为

$$\frac{17}{10}=[1,1,2,3]。$$

例 2 实数的连分数表示和渐近分数。

任意实数 θ 都可以用连分数表示(展开),只需每步都能估计出整数部分,从而完成"带余除法"。

以 $\theta=\sqrt{7}$ 为例,只需注意到 $2<\sqrt{7}<3$,就可得到

$$\sqrt{7}=2+(\sqrt{7}-2), \qquad \frac{1}{\sqrt{7}-2}=\frac{\sqrt{7}+2}{3}=1+\frac{\sqrt{7}-1}{3},$$

$$\frac{3}{\sqrt{7}-1}=\frac{\sqrt{7}+1}{2}=1+\frac{\sqrt{7}-1}{2}, \qquad \frac{2}{\sqrt{7}-1}=\frac{\sqrt{7}+1}{3}=1+\frac{\sqrt{7}-2}{3},$$

$$\frac{3}{\sqrt{7}-2}=\frac{\sqrt{7}+2}{1}=4+(\sqrt{7}-2), \qquad \frac{1}{\sqrt{7}-2}=\frac{\sqrt{7}+2}{3}=1+\frac{\sqrt{7}-1}{3},$$

显然第 6 式与第 2 式相同,故往下的运算应与第 3 式相同,如此等等,则得到循环的连分数

$$\sqrt{7}=[2,1,1,1,4,1,1,1,4,\cdots]=[2,\overline{1,1,1,4}]$$

其中 $\overline{1,1,1,4}$ 表示"1,1,1,4"循环出现。

考查 $\sqrt{7}$ 的连分数展开各步,每一步都得到一个分数(称为渐近分数):

$$[2,1]=3, \quad [2,1,1]=\frac{5}{2}, \quad [2,1,1,1]=\frac{8}{3},$$

$$[2,1,1,1,4]=\frac{37}{14}。$$

这些渐近分数 $3,\frac{5}{2}=2.5,\frac{8}{3}=2.66\cdots,\frac{37}{14}=2.642\cdots$,逐渐接近实数 $\sqrt{7}=2.6457\cdots$,而且每个都是最佳有理逼近(在分母限定的情况下误差最小)。

例3 阳历闰年的设置法则。

现行历法对阳历闰年的规定为:四年一闰,百年不闰,四百年再闰。这是为了调和一回归年(365.24219879 天)和一天的时间长度,即让每个历法年都含有整数天数(回归年就是从地球上看太阳经历四季而又回归出发点(春分点)所需的时间)。若历法规定每年 365 天,则不足约 1/4 天才真正到回归年,故需约每 4 年要再加一天(即 4 年中要有一个闰年)。为精确计算,需要将回归年的分数部分展开为连分数得

$$\Delta=0.24219879=[0,4,7,1,3,5,6,1,2,\cdots]$$

算得一系列的渐近分数为

$$0,\frac{1}{4},\frac{7}{29},\frac{8}{33},\frac{31}{128},\frac{163}{673},\frac{1009}{4166},\frac{1172}{4839},\frac{3353}{13844},\cdots$$

第 2 个渐近分数 1/4 说明每四年一闰。第 4 个渐近分数 8/33 说明每 33 年 8 闰(即 99 年 24 闰)。所以历法规定每四年一闰,逢百年免闰一次(即不是 25 闰而是 24 闰),但这样就使 400 年 96 闰;若进一步考虑 $\frac{31}{128}$,则因 $400=3\times128+4\times4$,知每 400 年应 97 闰;故再规定逢 400 年恢复闰年一次。

历法、日月食发生等天文问题,都可类似地讨论。

例 4 乐律的制定。

正像我们用"历法"来"划分时间",划分出年、月、日等,我们用"乐律"来"划分音高",划分出八度 和 do,re,mi,fa,sol,la,si(或 C, D,E,F,G,A,B)等。时间划分中的"年"很自然,是时光的仿佛回归(年年岁岁花相似)。而乐音中,音高差值由频率的比值决定。频率比值为 2 的两个音称为同名音,音高差称为八度(二者高度谐和,常常视为相同)。乐律的使命就是如何将八度进一步合理划分。

乐律的物理基础是泛音和共鸣现象。器物发出的每一段声音,都是由多个谐音(波形为正余弦函数)叠加而成,频率分别为 f_0, $2f_0, 3f_0, \cdots$,其中 f_0 频音称为基音,决定全音高低,其余音称为泛音,响度越来越小(据说毕达哥拉斯每天经过铁匠铺,能听出铁匠的锤声含有四种音调。在数学上后来就解释为:每个函数可写为正余弦函数的和——傅里叶级数)。这也就是说,一件器物的"固有频率"其实不止一个,而是多个(只不过后面的振幅逐渐变小)。那么,按物理道理,反过来讲,用 $f_0, 2f_0, 3f_0$ 等各频率的声波就能激发该器物震动发声(共振、共鸣)。这对于我们耳朵也是一样的。所以得出结论:频率为 f_0 的整数倍 $f_0, 2f_0, 3f_0, \cdots$ 的音之间是相互可以共鸣的(振幅有大小),即谐和的。最谐和的(共振振幅最大的)音是倍频音,即频率为 f_0 和 $2f_0$ 的音,称为同名音(二者的音高差称为八度),常视为相同。八度音高差是乐律的最基本周期,相当于历法中的一年。

要将八度音程再分级,就要尊重 3 倍频关系(除 2 倍频之外最谐和的音)。设中央 C(唱名 do)频率为 f_0,其 3 倍频 $3f_0$ 不在基本八度区间 $[f_0, 2f_0]$ 内,再半倍频得其同名音频 $(3/2)f_0$(音名记为 G,唱名 sol)。f_0 到 $(3/2)f_0$ 频音(即 C 到 G)的音高差被称为"**纯五度**"。继续这种"3 倍频"结合"半倍频"的方法,又可得到比 G 高纯五度的音(的同名音 D,$(9/8)f_0$ 倍频)。如此类推(称为**五度相生法**),可得到频率的(无限)系列(以 f_0 为单位)

$$1 \to \frac{3}{2} \to \frac{3^2}{2^3} \to \frac{3^3}{2^4} \to \frac{3^4}{2^6} \to \frac{3^5}{2^7} \to \frac{3^6}{2^9} \to \frac{3^7}{2^{11}} \to \frac{3^8}{2^{12}} \to \frac{3^9}{2^{14}}$$

$$\to \frac{3^{10}}{2^{15}} \to \frac{3^{11}}{2^{17}} \to \frac{3^{12}}{2^{18}} \to \cdots。$$

对应的音分别命名为

$$C \to G \to D \to A \to E \to B \to {}^{\#}F \to {}^{\#}C \to {}^{\#}G \to {}^{\#}D \to {}^{\#}A \to F \to \widetilde{C}。$$

当然希望此序列有限长，故希望 $3^{n_1}/2^{m_1} = 3^{n_2}/2^{m_2}$（对某对整数 m_i, n_i 成立）。即希望求出整数 m, n 使

$$3^n/2^m = 1, \quad 即\ 3^n = 2^m, \quad 亦即\ n\lg 3 = m\lg 2。$$

这只有近似解，可用连分数求得。将

$$\lg 3/\lg 2 = 1.5849625\cdots$$

展成连分数为

$$\lg 3/\lg 2 = [1,1,1,2,2,3,1,5,2,23,2,2,1,\cdots]。$$

可得一系列的渐近分数，前几个为

$$1, 2, \frac{3}{2}, \frac{8}{5}, \frac{19}{12}, \frac{65}{41}, \frac{84}{53}, \frac{485}{306}, \cdots。$$

不约而同地，各个民族大多取 $\lg 3/\lg 2 \approx 19/12$，即

$$\frac{3^{12}}{2^{18}} = 2.0272865295410\cdots \approx 2。$$

也就是说，将频率 $3^{12}/2^{18}$ 等同于 2，即以 c^2 代替 $\widetilde{C}$（产生的误差称为毕达哥拉斯逗号（微差））。这样，上述五度相生序列到 F 为止，下接 c^2，与 C 同名，相当于首尾相接，称为"五度相生环"。从而得到 12 个音（由低到高）

$$C, {}^{\#}C, D, {}^{\#}D, E, F, {}^{\#}F, G, {}^{\#}G, A, {}^{\#}A, B,$$

各相邻音差称为"半音程"。这就是许多民族都应用的**五度相生十二律**。

五度相生律只基于 2，3 倍频，各音节不完全谐和，且有毕达哥拉斯微差。如果进一步，再考虑到 5 倍频的谐和音，得到的乐律称为**纯律**，就很谐和了。但此二乐律都不利于转调，因为它们的半音程都是不等的。为了转调（尤其是键盘乐器）方便，逐渐发展出了**十二平均律**，即将基本八度区间 12 等分，得到 12 个音（相邻音的音高之差都

相等,即相邻音的频率之比都相等),这 12 个音的频率分别为(以中央 C 频率 f_0 为单位)

$$1, r, r^2, r^3, r^4, r^5, r^6, r^7, r^8, r^9, r^{10}, r^{11}, r^{12} = 2。$$

故 $r^{12} = 2$,即 $r = \sqrt[12]{2}$。依次记此 12 个音为(12 平均律的)

$$C, {}^\sharp C, D, {}^\sharp D, E, F, {}^\sharp F, G, {}^\sharp G, A, {}^\sharp A, B, c^1,$$

即得到十二平均律。用频率的对数度量音高最方便,将音高的升降化为了频率对数的加减运算。这样,12 平均律的每个半音程(频率比 $r = \sqrt[12]{2}$)均为 100 音分(例如 C 与 ${}^\sharp C, E$ 与 F 之间)。一个八度为 1200 音分。

1.8　模算术之妙

> **模算术之妙**
>
> 模者抹也剩余痕，
> 有似天女下凡尘。
> 尘世欢乐竟有限，
> 无翼飞升返月轮。

数学含义

"模"运算就是"抹"去模数，剩下余数（代表的是同余类）。

这犹如天女下凡，整数（天女）下界为余数（凡女）。

余数（同余类）之间的运算涉及的数值小，便捷愉快，

但欲将余数（凡间）的结果提升到整数（天上）却无翼难飞。

数学注释

模算术是高斯 20 岁时的天才发明。

以模 $m=7$ 为例，如果整数 a 与 b 除以 7 的余数相同，则称 a 与 b 同余，或 a 同余于 b，记为 $a\equiv b$（模 7），这称为同余式。例如，$8\equiv 1$（模 7）。再如 $7k+r\equiv r$（模 7）。这就犹如 8 和 15 等都下凡为 1。

所以"模 7 算术就是"抹"去 7 及其倍数不计，只剩下余数。这样一来，整数模 7 之后，就只剩下 7 个余数：0，1，2，3，4，5，6（它们构成"余数世界"，即所谓"尘世"）。所以模 7 算术运算是在"余数世界"（尘世）中进行，很容易。模 7 也写为 mod 7。

进一步看，对任一固定整数 r，同余于 r 的整数的集合称为 r 代表的同余类，记为 $\bar{r}$。例如

$$\bar{1}\equiv\{1,8,15,22,-6,-13,\cdots\},$$

故模 7 的同余类共有 7 个，即 $\bar{0},\bar{1},\cdots,\bar{6}$。同余类之间可以相加、相乘。例如 $\overline{4}+\overline{5}=\overline{4+5}=\overline{2}$，$\overline{3}\times\overline{5}=\overline{3\times5}=\overline{15}=\overline{1}$。由此，称同余类

的集合 $\{\bar{0},\bar{1},\cdots,\bar{6}\}$ 为模 7 同余类环,简称模环。此模环与上述"余数世界"一致,实为"余数世界"(尘世)的另一种写法和视角。

例如,欲求 3^{2049} 除以 13 的余数 r。先看 $3^3=27\equiv1$(模 13),故 $3^{2049}=(3^3)^k\equiv1^k=1$(模 13)。故余数 $r=1$。

评述

按定义,"模 m 同余"相当于"不计 m 倍数意义下相等",因此"模 m"被参透称为"抹 m",即抹去 m 化为 0(当然 m 的倍也化为 0)。这一直观在运算和推理中很有用(以后会有"关于乘法的模",则"模者抹去之后化为 1")。模算术只处理有限个"剩余数"(或同余类),故易。

模算术和同余的应用很广泛、很深入,后续发展也很多。其深层的问题在于:在余数层次(同余类环中)得到结果之后,如何由剩余反推回原整数的性质,称为"提升",这是关键和困难所在。例如,在怀尔斯对费马大定理的证明中即是如此,那里是对整数或有理数坐标的点做模算术,再设法提升。

1.9　商集之妙

> ### 商集之妙
>
> 天下万物皆分类，
> 每类一席成代会。
> 代会名曰商集合，
> 一名代表一席位。

数学含义

万物皆可按某规则分类，例如公民可按居住地区分类。

给予每个类一个席位，就组成一个"代议会"。

代议会的名字就叫商集合（进而也叫商群、商环等）。

每类选派一名代表（议员）占有该类的席位，实际参加开会。

数学举例

整数可按模 7 分类，互相同余者在一类，共 7 个同余类。

每个同余类作为一个元素（席位），组成新集合（代议会）。

代议会的名字就叫商集合（此处也叫商环，同余类环）。

在每个同余类中选出一个代表，参与完成同余类之间的运算。

数学注释

上节以模 7 为例，知道 $7k+r$ 同余于 r。而同余于 r 的所有整数合称为一个同余类，记为 $\bar{r}$。并称 r 为这个同余类的代表。所以，模 7 的同余类共有 7 个，即 $\bar{0}, \bar{1}, \cdots, \bar{6}$。也就是说，整数集合被划分为如下 7 个同余类：

$$\bar{0} = \{0, \pm 7, \pm 14, \cdots\},$$

$$\bar{1} = \{1, 1 \pm 7, 1 \pm 14, \cdots\},$$

$$\vdots$$

$$\bar{6} = \{6, 6 \pm 7, 6 \pm 14, \cdots\}.$$

我们看到,这实际上是把所有星期天作为一个同余类(以 0 为代表),所有星期一作为一个同余类(以 1 为代表),等等。所有的日子都归于星期一到星期日共七类中。现在,将每个同余类作为一个元素,共同组成有 7 个元素的集合

$$\bar{Z} = \{\bar{0}, \bar{1}, \bar{2}, \bar{3}, \bar{4}, \bar{5}, \bar{6}\}。$$

$\bar{Z}$是一个环,称为商环,或同余类环,其元素之间可做加、减、乘三种运算,分别定义为

$$\bar{a} + \bar{b} = \overline{a+b}, \quad \bar{a} - \bar{b} = \overline{a-b}, \quad \bar{a} \cdot \bar{b} = \overline{a \cdot b},$$

运算的结果仍在$\bar{Z}$中。

商环$\bar{Z}$中只有 7 个元素。商环中的运算实际上由代表们完成,易于操作。例如:$\bar{3} + \bar{5} = \overline{3+5} = \bar{8} = \bar{1}$。商环$\bar{Z}$的研究对数学的发展特别重要。

当然,也可以讨论模 6,模 5,或模 2,等等。其中模 2 特别重要。整数对于模 2 只分为两类:分别同余于 0 和 1,即如下两个同余类:

$$\bar{0} = \{0, \pm 2, \pm 4, \cdots\} = 偶数集,$$

$$\bar{1} = \{1, 1 \pm 2, 1 \pm 4, \cdots\} = 奇数集。$$

以$\bar{Z} = \{\bar{0}, \bar{1}\}$记模 2 的同余类集合,含有两个同余类,可做加、减、乘、除四种运算($\bar{0}$ 不做除数)。例如$\bar{1} + \bar{1} = \bar{2} = \bar{0}, \bar{1} \cdot \bar{1} = \bar{1}, \bar{1} \div \bar{1} = \bar{1}, \bar{0} \div \bar{1} = \bar{0}$。称这个同余类集$\bar{Z} = \{\bar{0}, \bar{1}\}$为二元域,它在现代信息社会处处在用。整数 0,1 分别是其两个同余类的代表元,0 代表偶数,1 代表奇数。这就犹如传说中,亚当、夏娃分别代表男、女。

我们看到这样一条思路:先将一事物分类,每类一个席位,构成新集合(商集、商环等),商集合的运算由代表完成。这种思路后续有极大发展。发展出商环、商群、商空间、商拓扑空间等概念。

评述

高斯天才地引入同余概念,按同余关系将整数分类,每类作为一元构成新的集合(商集),再定义类之间的运算,就创造出一个崭新的

系统——同余类环，或商环。这在后来有了惊人的深广的发展应用（商群、商空间、有限域，乃至于完备化局部化等）。本书作者赞这"商环之妙"曰：

> 物以类分自古然，每类一席成商环。
> 亚当夏娃代男女，千年月日归七天。

1.10 费马—欧拉定理

> **费马—欧拉定理**
>
> 费马欧拉定大限，
> 连翻筋斗至此还。
> 虽然心猿不自在，
> 却得轮回真谛传。

数学含义

模算术中,欧拉(和费马)定下欧拉数作为大限。

数的幂次增到大限就等于清零,幂值归一不存。

所以数幂不得自由增长,如同悟空难逃如来掌心,

实质是,数的周期整除大限,数自乘生成循环群。

数学注记

费马关于模算术的小定理很著名。以模 $p=7$ 为例,定理是:任意整数 a(不是 7 的倍数)必满足

$$a^6 \equiv 1 \quad (\bmod\ 7)。$$

这个 6 就是"大限",是 7 的欧拉数。a 的次数到 6 次就相当于 0 次,幂值 $a^6 = a^0$ 就归于一了。

比如 $a=3$ 时,$3^1, 3^2, 3^3, 3^4, 3^5$ 这样接连筋斗翻下来,似乎有无穷之势,其实到 3^6(到大限 6 次)就同余于 1 了(相当于次数清零了)。故有 $3^6 = 3^0, 3^7 \equiv 3^1, 3^8 \equiv 3^2 (\bmod\ 7)$,等等,幂值又都回来了。故曰"连翻筋斗至此还"。所以 3^k 不能自由自在地无限增长了,而是受到 $3^6 \equiv 1 (\bmod\ 7)$ 的约束。实际上,3 不断自乘,生成了乘法循环群 $\{1, 3^1, 3^2, 3^3, 3^4, 3^5\}$。3 的周期即此循环群的阶(即元素个数),必是欧拉数(大限)的因子——这就是欧拉(Euler)定理的真谛。

一般地,若素数 p 与 a 互素(没有真公因子),则必有

$$a^{p-1} \equiv 1 \quad (\bmod\ p)。$$

欧拉定理更具一般性：设整数 a 与 m 互素，则
$$a^{\varphi(m)} \equiv 1 \pmod{m},$$
其中 $\varphi(m)$ 称为欧拉数，是"小于 m 且与 m 互素"的正整数个数。这是欧拉定的大限。当 m 为素数 p 的时候，$\varphi(p) = p - 1$ 就是费马的大限。

评述

费马小定理和欧拉定理，给出了模算术中数幂的周期性。这是模算术与自然数运算的最大不同。一个自然数的幂可以无限大下去（因此称自然数是自由的）。此二定理是原根和循环群分解等理论的发端，在数字化信息等方面有着重要的应用。

1.11 孙子定理之奇

孙子定理之奇

隔墙不见早先知，　诡道鬼谷师孙子。

何须亲点百万兵，　只看游散二三士。

治众分数如治寡，　从此世上无巨事。

大衍求一真奇术，　千百年后惊高斯。

数学含义

定理号称隔墙算，不看实物隔墙就可算出物体个数。

奇诡承传孙子和鬼谷之妙，载于千年前《孙子算经》。

此定理又名秦王暗点兵，就是说无需实际点数军队，

欲知兵员总数，只需整队后看看那些游兵散勇。

孙子曰"治众如治寡，分数是也"，深得分解之妙，

按此方法论，世界上哪还有巨事繁务难以完成。

孙子定理用辗转相除，又称大衍求一术，奇妙无比。

一千四百年后高斯重得，古中国智慧令全欧洲震惊。

数学注记

孙子定理载于南北朝时期的《孙子算经》。原文为："今有物不知其数，三三数之剩二，五五数之剩三，七七数之剩二，问物几何？"。《孙子算经》给出答案 23，还给出了算法。程大位在 1593 年更给出解法歌诀：

三人同行七十稀，

五树梅花廿一枝，

七子团圆正半月，

除百零五便得知。

意思是，三三数之的余数乘以 70，五五数之的余数乘以 21，七七数之的余数乘以 15，总和除以 105，余数即为答案。即

$$x \equiv 2 \times 70 + 3 \times 21 + 2 \times 15 = 233 \equiv 23 \pmod{105}.$$

此定理给出了一般线性同余式组（方程）的解法，而且还可推广到多项式等。更重要的是，它给出了一种思想方法：将一个对象分解为子对象的直和，将整个问题分化为各个小问题。此定理后来发展到群、环、模、空间等各种代数结构的分解，一般统称为中国剩余定理。

古人认为孙子定理很神奇，给出许多名称：隔墙算、鬼谷算、剪管术、大衍求一术、神奇妙算、秦王暗点兵、韩信暗点兵等。

以"秦王暗点兵"为例，可以设想如下场景：秦兵列队，每列百人则余一人，九十九人则余二人，百零一人则不足二人。问秦兵几何？用孙子定理，只需看这余一人，余二人，不足二人，便知秦军之数。

评述

西方直到 1800 年左右才由大数学家欧拉和高斯获得孙子定理。1876 年，麦塞森（L. Mathiesen）指出高斯的解法与中国古代的《孙子算经》实际上是一样的，引起欧洲数学家的惊异和高度评价。孙子定理及其发展，至今被世界称为中国剩余定理，是中国对世界科学的光辉贡献。

孙子定理的本质，是将数学对象（同余类环）分解开来。现在已发展到：将各种数学系统分解开来。"治众如治寡，分数是也"是哲学智慧，普遍的方法论。《孙子兵法》又言："夫未战而庙算胜者，得算多也；未战而庙算不胜者，得算少也。多算胜，少算不胜，而况无算乎！"可见孙子特别重视"算"——这也许是《孙子算经》托言孙子所著的原因吧。

1.12 互反律之妙

互反律之妙

乾坤颠倒反掌间，
有似漓江三月天。
水下分明天上月，
天上碧水飘白帆。

数学含义

天地颠倒，霄壤转换，互反律甚于沧桑之变。

就好像阳春三月，船行漓江，水光映天。

水下虚涵，分明飞来天上的月亮，

天上水碧，缓缓漂行着轻舟白帆。

数学注记

二次互反律是最著名的数学定理之一。人们赞美她是黄金定律，数论之宝。后来发展到高次互反律、类域论，等等。

二次互反律是为了解二次同余方程。对于素数 p 和整数 a，当

$$x^2 \equiv a \pmod p$$

有（或无）解，则称 a 是（或不是）模 p 的二次剩余，这里模 p 的意思是不计 p 的整数倍。为此人们引入勒让德（Legendre）符号，后来又扩展为雅可比（Jacobi）符号。即定义

$$\left(\frac{a}{p}\right) = 1, -1, \text{或} 0（分别对应 a 模 p 是、否二次剩余，或为 0）。$$

例如 $\left(\frac{2}{7}\right) = 1$，$\left(\frac{3}{7}\right) = -1$（即 $x^2 \equiv 2 \pmod 7$ 有解，而 $x^2 \equiv 3 \pmod 7$ 无解）。

二次互反律是关于勒让德符号的奇妙性质，主要是

$$\left(\frac{q}{p}\right) = \pm\left(\frac{p}{q}\right)$$

对任意素数 p,q 成立（当 p 或 q 除以 4 余 1 时取正号，否则取负号）。也就是说，互反律仿佛在断言："天上"和"地下"可以互换！互反律用处很多。例如可计算：

$$\left(\frac{79}{101}\right)=\left(\frac{101}{79}\right)=\left(\frac{22}{79}\right)=\left(\frac{2}{79}\right)\left(\frac{11}{79}\right)=\left(\frac{11}{79}\right)=-\left(\frac{79}{11}\right)=-\left(\frac{2}{11}\right)=1。$$

这就判定了：$x^2\equiv79(\bmod\ 101)$ 有整数解。

评述

欧拉在 1745 年左右两次猜出二次互反律。高斯在 1796 年 4 月 8 日首次证明二次互反律，他后来共给出 8 个证明。现在已知的证明约有 200 多个。二次互反律有到各方面的发展，例如，发展到多项式，发展到三次互反律、四次互反律和高次互反律，发展到代数整数，发展到类域论，等等，这些都与二次互反律极其类似。这个互反律系列在现代数论和代数几何中十分重要。

1.13 群之美妙

群之美妙

若有神兮降人间，
四目渺兮子慕羡。
东风飘兮释千难，
共君舞兮到长远。

数学含义和翻译

群——出现于世了，啊看她，神一般降临人间！

她四条公理玄妙抽象啊，美轮美奂谁不慕羡！

她带来浩荡的东风，扫尽数坛雾霾，千古疑难，

我要和您共舞啊，一同旋出最美的曲线，直到永远！

注

1. 屈原《九歌·湘夫人》："帝子降兮北渚，目眇眇兮愁予"。

2. 屈原《九歌·山鬼》："子慕予兮善窈窕……东风飘兮神灵雨"。

数学注记

群（Group）是数学中最重要的概念之一。最早在 1800 年左右引入数学。群及相关思想的兴起，一举扫清两千年的迷茫，解决了古希腊以来的众多著名历史难题：三等分角、立方倍积、化圆为方、正多边形作图以及五次方程根式解，等等。这些难题的解决惊动了世界，给数学领域带来现代化的新风。群，只靠最简洁的四条公理，推演出系统复杂的理论，应用于数学、物理、化学、通信和工程各个领域，实为数学乃至于科学的最基本细胞，是科技人的不离舞伴。

例如，集合 $\{1, i, -1, -i\}$ 对于乘法运算就是一个群（其中 $i = \sqrt{-1}$）。

一般而言，一个群就是一个集合，其元素之间有一种运算，满足

四条公理：封闭性（即运算结果仍在此集合内），结合律，集合中有一个单位元，每个元素的"倒数"也在此集合中（经常称此运算为乘法，并用乘法符号和术语）。

比如，"不要动，向左转，向右转，向后转"，这是四个军训口令构成的集合，此集合就是一个群，口令之间的运算规定为连续执行。例如"向左转"·"向左转"＝"向后转"。

群的最强功能，是它对于其他系统的作用。群所扮演的角色常常是"改变者""支配者"。常常讨论的是各种"变换群""置换群"。事物在改变中才能显露其本质。所以在群的作用下才能揭示出数学结构体系的性质特点。

评述

群论，是现代数学的第一场春风，她引起数学的现代化。她带来的春风，一扫两千年迷雾，古希腊三大难题、方程根式解等难题，随即冰消雪融。她仅以四条公理而推衍出五彩缤纷的体系。许多原来的数学权威面对她时思维不合、惶恐失措，群论的先锋伽罗瓦（Galois）、阿贝尔（Abel）都因此遭遇折磨。

群是最基本的数学系统，后续有环、域、线性空间、模乃至流形、概形等数学系统。

"今天的数学主要关心的是结构以及结构之间的关系，而不是数之间的关系。这种情况最初发生在 1800 年左右，首次的突破是抽象群概念的引入。目前它在数学领域中已经无所不在"（数论大家塞尔伯格（Atle Selberg）语）。"我们目睹了代数在数学中名副其实的到处渗透"，目睹了"目前数学的代数化"（几何拓扑大师嘉当（Cartan）语）。

1.14　原根之妙

原根之妙

原根之幂可周天，
巡遍魔环可逆员。
从此喜模奇素幂，
逆员个个顶标签。

数学含义

原根的幂值，能够穷尽整数同余类环的单位群；

即原根之幂能遍历模 m 同余类环的所有可逆元。

特别令人愉快的是，模奇素数幂时原根必存在，

此时可逆元个个是原根的幂，都顶着指数作标签。

数学注记

以模 $m=3^2$ 为例，模 m 同余类环为 $\{\bar{0},\bar{1},\bar{2},\cdots,\bar{8}\}$（数字上的一横可以理解为"模 m"），对加减乘运算封闭。其单位群（可逆元集合）为 $\{\bar{1},\bar{2},\bar{4},\bar{5},\bar{7},\bar{8}\}$。而 2 的幂 $2,2^2,\cdots,2^6$ 恰为可逆元集合（模 9），即 2 的幂遍历所有可逆元（即可周天）。由此可知，$g=2$ 是模 9 的原根。于是每个可逆元有个标签。例如 $\bar{2}^4=\bar{7}$，故 $\bar{7}$ 的标签是 4。

对一般情形，模 m 的整数同余类环中，同余类 $\bar{a}$ 是可逆元当且仅当 a 与 m 互素。共有 $\varphi(m)$ 个可逆元，构成一个群，称为单位群。如果存在一个整数 g 使得 $\bar{g}$ 的幂恰好遍历单位群，即 $\bar{g},\bar{g}^2,\cdots,\bar{g}^{\varphi(m)}$ 恰为可逆元全体，则称 g 为原根。

原根不一定存在。最重要的是，当 m 是奇素数幂的时候，原根存在。例如 $m=3^2$ 时原根存在。原根存在的时候，每个可逆元 $\bar{a}$ 都可以写成原根的幂 $\bar{g}^i$，此 i 就称为 $\bar{a}$ 的指数（或指标），通俗地称为 $\bar{a}$ 的标签。

原根是否存在,相当于同余类环的单位群是否为循环群。原根存在时,单位群中的乘除法运算就简化为指标的加减法,极其简单。模算术在当代信息等高科技中广泛应用(因为计算机毕竟是能处理有限集合),原根和指数的引入极大地简化了计算和推理。

当模 m 为 2 的幂的时候,可以定义"弱原根",有类似于原根的性质。对于一般的模 m,可以分解为素数幂之积,而由孙子定理将单位群分解,就可分别用原根或弱原根讨论了。

评述

"模奇素数 p 的原根存在"这一事实,最早由高斯在 1801 年证明。

设模 p 的原根为 g,则模 p^k 原根为 g 或 $g+p$(依照 $g^{p-1} \neq 1(\bmod p^2)$ 或否)。

原根与指标(离散对数)在密码、信息安全中有着重要实际应用。

1.15 嗝蒂克(*p*-adic)数与模

嗝蒂克(*p*-adic)数与模

模之又模幂次多，
模成无限嗝蒂克。
莫道级数是无限，
无限常归有限做。

数学含义

模呀再模，素数幂的模节节升高次数，

接连地模，就得到了无限的嗝蒂克数。

形式上，嗝蒂克是无限级数，难以捉摸，

实际上，往往归结为前有限项运算即可。

数学注记

考虑方程 $x^2=2$，显然没有整数解。人类历史上就另辟蹊径，转而考虑其模一个素数 p 的解。以 $p=7$ 为例，原方程模 7 有解 3。设 $x=3+7\cdot c$ 代入原方程，易求得模 7^2 的解 $3+7$。如此类似可得模 7^3 的解 $3+7+2\times7^2$，可得模 7^4 的解 $3+7+2\times7^2+6\times7^3$，等等。对任意 s，可得原方程模 p^s 的解为

$$a_0+a_1p+\cdots+a_{s-1}p^{s-1} \quad (0\leqslant a_i<p)$$

随着这一连串的操作过程：模之又模、不断升高模的幂次、不断得到更大模的解，我们似乎在不断地接近着一个"解"，这个"解"是一个无限级数。也就是说，我们开创了一种无限制的过程，得到了一个无限级数

$$x=a_0+a_1p+\cdots+a_{s-1}p^{s-1}+\cdots。$$

这种"无限级数"称为嗝蒂克(*p*-adic)数，应当是原方程的一个"解"！

这种嗝蒂克数，作为级数，不需要普通微积分意义下的收敛，因为它天生看起来就是收敛的，所以需要我们另创收敛理论来保证此

级数的收敛性。我们看到,随着 s 的不断增大,p^s 似乎是微不足道的。这种观念开辟了一种新的"数值大小观"和新的"序列收敛观",即赋值论和完备化。

评述

在模算术的发展中,实际需要导向了模之又模的过程,得到嘣蒂克数。为了这种数的收敛和性质研究,创立了赋值和完备化理论,并得到了无限多个与实数域平行的完备域。这些成为了现代许多数学学科的基础、语言、工具和方法。当然,嘣蒂克数的起点和基础是模算术,虽是无穷级数,但往往归结到模 p 或模 p^2 等少数几项来计算。"前面"几项系数似乎决定了整个级数。这种观念带来反极限的概念(我们记得微积分中的收敛级数,也是前几项基本决定了级数的数值)。

1.16 嘣蒂克(和反极限)真义

> **嘣蒂克(和反极限)真义**
>
> 危楼高入云， 放言可通神。
> 我居三层久， 未识天上人。
> 昨闻反极限， 归来思在心。
> 满口结仙者， 是我楼下邻。
> 无限伽罗瓦， 归为有限群。

基本含义

高楼高高耸入云，据说上楼可通神。

我在三层居住久，从来未见天上人。

昨日学习反极限，归来不觉思在心。

满口游仙神秘人，却是我家楼下邻。

无限伽罗瓦理论，只实接有限伽罗瓦群。

数学含义

嘣蒂克(p-adic)数是无穷序列，已经不是有理数。

但在实际运算中，常只考虑有限几项，不涉及无限计算。

推而广之，反极限的概念及应用，细思也和嘣蒂克数类似，

所谓无穷反极限，其实是通过各有限片段实现的。

无限伽罗瓦群，实归结为限制到诸有限子扩张的有限群。

评述

p-adic 数实际上是基于模算术，模算术是 p-adic 数(完备化)的基础。虽说 p-adic 数是无限的，但实际处理的时候往往只和有限项打交道，即模 p，模 p^2，或模 p^3 等的一项或二三项即足。推而广之，就引来反极限的概念，例如无限伽罗瓦群等，只实际处理有限扩张。这是现代数学用得很广泛的一种观念。

数学注记

　　亨泽尔(Hensel)在 1908 年发明了 p-adic 数。它颠覆了原来所有数的"价值观",带来了崭新的"赋值理论"和完备化或局部化理论,成为现代数论、代数几何等数学分支的基础、语言、工具、观念和方法。

　　这 p-adic 数由模算术发展而来。例如方程 $x^2-2=0$ 模素数幂 p^k 的求解($k=1,2,3,\cdots$),$p=7$ 时得到 $3+7+2\times 7^2+6\times 7^3+\cdots$。一般地会得到解

$$x=a_0+a_1 p+\cdots+a_{s-1}p^{s-1}+\cdots.$$

这种"无限级数"称为嘭蒂克(p-adic)数。当 n 很大时,我们会觉得模 p^n 的解"几乎"就是解,因为模 $p^{1000000}$(即不计 $p^{1000000}$ 的整数倍)"无用武之地"。这就引起两大思考:

　　(1) n 越大,似乎 p^n 就越可忽略,越微不足道。

　　(2) 级数 $a_0+a_1 p+a_2 p^2+\cdots$ 看起来在收敛于一个极限。

　　这两点思考,引至如下全新的"赋值"定义:有理数 $p^n b/a$(其中 $p\nmid a$,$p\nmid b$)的 p-adic 赋值(或称 p-adic 绝对值)为

$$\left|\frac{p^n b}{a}\right|_p=\left(\frac{1}{p}\right)^n.$$

　　称无穷级数 $a_0+a_1 p+a_2 p^2+\cdots$ 为一个 p-adic 整数,其集合 $\mathbf{Z}_p$ 是环,其分式域 $\mathbf{Q}_p$ 是一个域。这就引入无限多新的环:$\mathbf{Z}_2$,$\mathbf{Z}_3$,$\mathbf{Z}_5$,$\mathbf{Z}_7$,$\mathbf{Z}_{11}$,$\cdots$,都和整数环 $\mathbf{Z}$ 类似。而 $\mathbf{Q}_2$,$\mathbf{Q}_3$,$\mathbf{Q}_5$,$\mathbf{Q}_7$,$\mathbf{Q}_{11}$,$\cdots$ 都和实数域 $\mathbf{R}$ 的地位相当。

　　以上对有理数域的讨论,可推广到任意域,例如函数域。

1.17 魔比乌斯(Möbius)反演之奇

> **魔比乌斯(Möbius)反演之奇**
>
> 妙哉魔氏反演术,
> 颠倒因果翻今古。
> 前世今生相卷积,
> 一为谬逆觉醒醐。

数学含义

多么奇妙啊,魔比乌斯创立的函数反演,

加数与总和地位颠倒,恍如因果古今翻转。

卷积使得昔日数值和当今数值相互纠缠。

"一"是"缪"(μ)的逆——醒醐灌顶开天眼!

数学注记

德国数学家魔比乌斯(Möbius,也译为莫比乌斯,默比乌斯)引入的缪(μ)函数和反演公式,奇妙如魔幻。这里的函数都是"算术函数",即自变量是整数。

缪(μ)函数的定义是:当 n 有平方因子的时候,$\mu(n)=0$;否则 $\mu(n)=1$ 或 -1(依 n 的素因子个数为偶或奇而定)。

例如,$\mu(1)=1,\mu(2)=\mu(3)=-1,\mu(4)=0,\mu(5)=-1,\mu(6)=1,\mu(8)=\mu(9)=\mu(12)=0$,等。

魔比乌斯反演公式:对任意算术函数 f,g。

$$g(n)=\sum_{d\mid n}f(d) \quad \text{当且仅当} \quad f(n)=\sum_{d\mid n}\mu(d)g(n/d)\text{。}$$

此公式的神奇在于它似乎是在说:

"f 的求和为 g"当且仅当"带 μ 的 g 求和为 f"。

这犹如是说:加数与总和可以互换地位(需带 μ)。又仿佛,求和计算过程的开始、结果可以颠倒(这里的"求和"是对 n 的所有正整数因子 d 求和)。

　　事实上,魔比乌斯的反演,可类比于通常的求和与其反解,即由通常求和 $S(n) = \sum\limits_{k=1,2,\cdots,n} f(k)$ 可反解出 $f(n) = S(n) - S(n-1)$。只不过魔氏"求和"是对因子 d(整除 n)求和,而通常求和是对 k(小于 n)求和;$\mu(d)$ 是起到正负号的作用。

　　魔比乌斯反演的最触及本质的证明,是用**卷积**。函数 f 和 g 的卷积 $f * g$ 定义为

$$(f * g)(n) = \sum_{d \mid n} f(d) g(n/d)。$$

卷积的奇妙在于,f 与 g 在不同自变量的取值下相乘。例如 $n=10$ 时,有 $f(2) \cdot g(5)$ 项,是二者在 2 和 5 处的取值之积。这不同于函数的普通乘法。

　　设定函数之间的运算为卷积,则函数之间会有奇妙的运算关系。

　　(1) 会有一个函数,记为 ε(称为卷积的单位元),它与任何函数 f 的卷积还是 f,即 $f * \varepsilon = f$。

　　(2) 会发现,$\mu * 1 = \varepsilon$,也就是说,μ 和 1 互为逆(卷积逆)。

　　此事实能导出许多关系。比如,魔比乌斯反演公式不过是

$$g = f * 1 \Longleftrightarrow f = \mu * g。$$

　　总之,算术函数集对卷积(和普通加法)是一个含幺交换环,其卷积单位元为 ε,μ 函数与 1 互为逆,而加法单位元为 0(即取值恒为 0 的函数)。

评述

　　数论中的函数方法,体现了算术、代数、分析、几何、组合等方法在数论中的联合用武,威力难量,色彩缤纷。其中尤以魔比乌斯函数和反演,奇如魔幻,有点金之玄妙,似将因果颠倒。而卷积是对不同时期的自变量取值相乘之和,函数对卷积竟成为环。奥妙的关键点在于魔比乌斯 μ 函数是 1 的卷积逆,因而皆可从 1 反翻出来,犹如无中生有。

1.18　近冰梅——类域论

> **近冰梅——类域论**
>
> 疏影横斜近冰栽，　枝枝簪雪映照来。
> 开为杏色偏芬冽，　幽维菊风冠群苣。
> 稀世终久非歧寞。　篱香于兹自主开。
> 纷纷谁解素宜主，　类群甲群天安排。
>
> （1980 年 7 月，于中国科学技术大学）

文学译文

疏影横斜的寒梅哟——
　　谁人令你生长在，
　　　　冰池之畔？
虬枝簪雪又戴花哟——
　　冰清玉洁的照来，
　　　　仙姿翩翩！
有人说你，
　　不过乡野杏花一般——
　　　　你却偏自香冽非凡。
你默守着，
　　傲霜金菊的格骨哟——
　　　　笑冰斗雪众香之冠。
世所罕！你铁骨凌寒——
　　难道会，永遭寂寞和歧见？
纵篱边：你暗香弗断——
　　呕碧血，一片丹心报春前！
啊，报春前，

看缤纷烂漫谁解悟——
　　俏妆自然宜素淡。
呀,宜素淡,
　　你如常花开天下先——
　　　应合天道自必然!

注

1. 宋林逋《山园小梅》:"疏影横斜水清浅"。

2. 陆游《咏梅》:"寂寞开无主……一任群芳妒"。

数学译文(分句对照)

1. 域 k 的阿贝尔扩域格 $\{K\}$(枝干交错的梅树),经阿廷映射(冰面映照),与其类群的闭子群格 $\{H\}$(梅树的冰面倒影)之间,反向一一对应。(类域论基本定理)

2. 整体类域论包含局部类域论:阿廷映射(冰面映照)限制到每个 v 分支(枝枝映照来),则为局部映射。每一分支与其映照自成一系,为局部类域论。(局部类域论)

3. 局部域乘法群 k_v^*(开为杏)映为分裂(芬冽)群。k_v^*(开为杏)属于 H 则 v 分裂(芬冽)。(分裂定理)

4. 局部域单位群 U_v(幽维)映为惯性群(冠群)。U_v(幽维)属于 H 则 v 不分歧(惯性)(分歧定理)。

5. k 的希尔伯特(希氏)类域定义为其最大非分歧(终久非歧寰)阿贝尔扩域。(希氏类域)

6. k 的理想到希氏类域(篱香于兹)均化为主理想(自主开)。(主理想定理)

7. 在希氏类域完全分解的(纷纷谁解),恰为 k 的素、主(素宜主)理想。(分裂定理)

8. 类群与伽罗瓦群同构,理论美妙天成。(同构定理)。

数学注记

固定一个数域 k,其阿贝尔(Abel)扩域集 $\{K\}$ 是一个格(每个扩域是一个格点,扩域和子域之间有连线。两个扩域的复合是一个扩域,交也是一个扩域。因此扩域集就像万宝窗格一样,故称为格)。这个格好像是以 k 为根的一株枝干交错的梅树。格点是叉点,连线是枝干。

另一方面,k 的伊代尔(或理想)类群 J_k 的闭子群集合也形成格 $\{H\}$。伊代尔格像是梅树格的冰面倒影,二者反向一一对应。这倒影对应是经由阿廷(Artin)互反律映射得到,此对应将扩域 K 对应到伽罗瓦子群,再映射到子群伊代尔(或理想)子群 H——此即类域论基本定理。作者在初学类域论时,深惊其精美,曾以诗表之(1980 年 7 月)。特别,对于希尔伯特(Hilbert)类域,类域论最为精美,此诗后 4 句专门概述。

评述

二、三、四次互反律,从 1745 年为天才欧拉开始猜想,经数学大师勒让德,高斯的研究,再到 1844 年,21 岁的天才流星艾森斯坦(Eisenstein)彻底证明,人类用了 100 年。然后又过了约 80 多年的时间,发展到一个新高峰——类域论。当然,后来还有发展,当代最著名的朗兰兹(Langlands)猜想问题,就与此直接相关。

这些互反律,或者类域论,讲述的都是"两个范畴的对偶关系"。我们看到,二次互反律的勒让德符号 $\left(\dfrac{q}{p}\right)$,是研究同余方程 $x^2 \equiv q(\bmod p)$,其中 p 为模,q 为剩余。而二次互反律描述了模和剩余的对偶关系,可以互相颠倒。三、四次互反律,也类似。类域论则演化为扩域范畴与理想群范畴的对偶关系(后者也可为伊代尔,或特征的范畴)。

类域论(Class Field Theory)是数学诸理论中,体系最完美的一种,几乎可以说是现代数论的最重要理论。此理论由希尔伯特在 1900 年左右猜测出,主要由福特汪格勒(Furtwangler)、高木贞治(Takagi)、阿廷(Artin)至 1927 年给出证明。但像"类域构作"这样的世纪性大问题,研究还远无尽头,是现代前沿之一。

第2章

鲲鹏举翼

（数学劝学篇）

数学,常被认为是很难的学科。但是这也正是大好用武之地,是有志青年值得去勇敢攀登的高峰。因此,整个教学过程也就是不断励志的过程。登山的征程也是不断鼓劲的过程。

清华大学钱学森班的同学在设立五周年会议上发言说:跟张老师学习,犹如明媚的春光里一起去爬山,虽然气喘吁吁、汗流浃背,但山险景美都特别兴奋,登顶后更有难忘的成就体验。

在中国科学技术大学、清华大学、南方科技大学。在教学和研讨中,在研究生培养中,在师生交往中,作了不少鼓励知难而上的诗,以激励引导青年。选几首如下。

2.1 赠74级毕业生

赠 74 级毕业生

青春欢乐聚千日， 采得伊园秋三枝。

此去栽培须留意， 吾帝正是惜芳时。

(1977 年 6 月，中国科学技术大学)

说明

　　中国科学技术大学搬到合肥后，在 1974 年招收一批新生，同时有一批军人来校进修与学生一同学习。专业是代数与通信编码。三年后毕业时，"文革"刚刚结束。这是赠给 1974 级毕业生的，我一直教他们。记得当时学生到家中辞行，相谈甚欢，即兴而作。这批学生和军人，后来成为承前启后的骨干。

注

1. "伊园秋三枝"：伊甸园中三株秋日开放的花卉。指在中国科学技术大学校园中三春秋里学习修养得到的科学知识和科学精神。伊甸园是传说中无忧无虑的生活乐园。

2. "吾帝正是惜芳时"：司春的青帝正是怜惜香花芳草之时，指国家当前正是需要和重视科学教育的时候。掌管春天的神叫青帝。青帝是古代神话中位于东方的司春之神，黄巢诗"他年我若为青帝，报与桃花一处开"。

2.2 逍遥游(七绝)

逍遥游

七绝

鲲鹏怒化垂天翼,　海运扶摇九万击。

野马息吹抟视下,　苍苍正色上至极。

(1990 年 9 月,于中国科学技术大学)

说明

这是 1990 年,时在中国科学技术大学任教,开始招收代数数论专业的第一批研究生,有本校毕业的罗成辉、段云等人。这是写给他们的入学赠诗。他们后来都很有成就。

注

鲲鹏:鲲通昆(仑),鹏通风、鳳(凰);寿十亿,虽千年其犹稚也;此处喻有志青年。

逍遥游:指立志高远,无羁无绊,自由放飞。庄子《逍遥游》:"北冥有鱼其名为鲲。鲲之大不知其几千里也;化而为鸟其名为鹏。鹏之背不知其几千里也;怒而飞,其翼若垂天之云。是鸟也,海运则将徙于南冥。……水击三千里,抟扶摇而上者九万里……,野马也……,生物之以息相吹也。天之苍苍其正色邪?……绝云气,负青天,然后图南"。

2.3 中州行

中州行

春回中岳说类域，　神会达摩参破壁。
惟愿周原逐鹿成，　留得牡丹长相忆。

（1992 年 4 月 24 日，于郑州）

说明

1992 年春，解放军信息工程学院（在郑州）邀请去做关于类域论的系列讲座。学院的信息编码和相关数学研究很强，研究生很多很优秀。学院为国家做出过许多重要贡献。临别时作此诗相赠。

注

1. 神会达摩参破壁：访少林寺，在达摩面壁十年处沉思，参悟修习功课与专心向学之真谛。

2. 留得牡丹长相忆：闻名的洛阳牡丹花当时正盛，专车去参观，不料中途因故而返。牡丹留待长相思忆。也暗指难忘中州之行。

2.4 赠曾肯成老师(七绝)

赠曾肯成老师

七绝

曾吟水木清华园， 肯为英材倾玉泉。

成就文宣千代业， 师法至圣一大贤。

（1993 年于北京）

说明

1993 年 5 月作者从中国科学技术大学(当时在合肥)调到清华大学任教。不久去访问我的老师曾肯成教授,作此诗赠之。曾老师是我本科老师和研究生导师,才高德厚,最具慈爱心、真性情,是我最尊敬的老师。曾老师当时在玉泉路中国科学技术大学研究生院,创建了国家信息安全实验室。此为藏头诗。

注

1. 曾吟水木清华园:曾老师毕业于清华大学。

2. 肯为英材倾玉泉:曾老师长期工作于中国科学技术大学研究生院(在北京玉泉路);也指曾老师以学识过人师德高尚和极爱护学生而名倾玉泉路和科教界。

3. 文宣千代业:指国家教育事业。孔子被尊为大成至圣先师文宣王。

2.5 香港回归有感（七律）

香港回归有感

七律

八万里洋驰骋舰， 九重外宇同步星。

神州崛起孰为信？ 世纪巨徊一还中。

西调唱终蓝米字， 东风升上红五星。

百劫魔尽血泪耻， 醒矣—睡狮，飞矣—龙！

（1997 年 6 月 16 日，于清华大学）

说明

1997 年 7 月 1 日香港回归前夕，清华大学同事们准备庆祝，有感而作。

注

1. 八万里洋驰骋舰：我国舰艇开始到各大洋巡游。

2. 九重外宇同步星：我国刚发射了地球同步轨道卫星。

3. 西调唱终蓝米字，东风升上红五星：西乐唱完最终降下蓝色米字旗；东风浩荡高高升上五星红旗。

2.6 青龙颂

青龙颂

青龙潜卧隐壑山， 夕惕若厉日乾乾。
或跃在渊咎何有， 数及九五飞在天。

（2001 年 6 月，于清华大学）

说明

此诗赠青龙山下初中母校学生，并致庆初中母校校庆五十周年。

我初中母校在青龙山的山坡上，初中时期经常攀登青龙一脉三山：龙尾、龙身、龙头。校门前一道深涧从西向东流过，曰渔沟，故学校名为渔沟中学。周围是群山。我是 1958—1961 年在此度过初中正成长的三年。母校五十周年大庆前夕，校长来信约我给学弟们写点什么。梦魂再回青龙山，不禁咏歌青龙颂。依《易经·乾》中潜龙—乾龙—跃龙—飞龙的发展脉路，鼓励家乡的青年学子像青龙一样腾飞。

注

1. 青龙潜卧：《易经·乾》曰"初九：潜龙勿用"。文言："潜之为言也，隐而未见，行而未成，是以君子弗用也"。

2. 夕惕若厉日乾乾：《易经·乾》曰"九三：君子终日乾乾，夕惕若，厉无咎"。"象曰：天行健，君子以自强不息"。文言："居上位而不骄，在下位而不忧。故乾乾，因其时而惕，虽危而无咎矣"，"终日乾乾，与时偕行"。

3. 或跃在渊：《易经·乾》曰"九四：或跃在渊，无咎"。文言："君子进德修业，欲及时也，故无咎"，"或跃在渊，乾道乃革"。

4. 数及九五飞在天：《易经·乾》曰"九五：飞龙在天"。文言："先天下而天弗违，后天而奉天时"，"知进退存亡，而不失其正者，其为圣人乎？"

2.7 中秋明月诗

中秋明月诗

千古明月今照我，我奉心事对明月。
明月照我能几时，几时随心揽明月。

（2007 年中秋，于清华大学）

说明

　　2007 年中秋节晚上，清华大学数学科学系学生邀请我在大礼堂前草地上一起赏月，当时用手机回赠此诗。

注

1. 千古明月今照我：李白诗词"今人不见古时月，今月曾经照古人"。

2. 几时随心揽明月：李白诗"俱怀逸兴壮思飞，欲上青天揽明月"。毛泽东诗"可上九天揽月"。

2.8　送李伟毕业之鹭洲

送李伟毕业之鹭洲

桃李新实牡丹妍，　春风满苑扬心帆。
辞却伊甸少年梦，　去向海天云翼抟。

（2009 年 5 月 4 日，于清华大学）

说明

　　李伟是清华大学本科生，我指导的直博生，学习优异，品格厚重。获得博士学位后去厦门大学任教，这是他离校前我的赠诗。

　　在中国科学技术大学，清华大学和南方科技大学，培养和输送过多批研究生和留学生。这些年轻人有志有才，朝气蓬勃，与他们作研讨和相处的日子，是人生最难忘的时光。

2.9 钱学森班赞

钱学森班赞

前辈宏图九天开，　学子奋发创未来。

森木千丈皆梁栋，　班生奇志依云裁。

（2009 年 12 月 25 日，于清华大学）

说明

清华大学创办"钱学森班"，为国家培养拔尖创新人才，我参与教学。这是在成立会上我朗诵的贺诗。

清华大学钱学森班是成立早、效果好的尖子班，培养出多批拔尖人才。为带动提高教育质量贡献很大。后来教育部推动全国高校陆续创建不少尖子班。

注

1. 前辈宏图九天开：钱学森等老一辈科学家开创了卫星航天等中国科技伟业。

2. 森木千丈皆梁栋：《晋书》等载，和峤少有风格，厚自崇重。庾顗见而叹曰："森森如千丈松，虽磊砢多节目，施之大厦，有栋梁之用"。

3. 班生：原指班超、班固等。宋祁诗云"何日东都参第赋，班生犹是令兰台"。此处亦指钱学森班的学生。

2.10　荷园致钱班同学

荷园致钱班同学

去岁迎君菊初黄，　如今满苑荷花香。

夜读需解莲心苦，　映日根下藕节长。

（2010 年 7 月 15 日，清华大学荷园）

说明

　　力九级钱学森班班长暑假离校前与我通话辞别，当时我正在荷塘亭下，被其热情感染而得此诗，赠给他们全班同学。

注

1. 首两句：暗含去年初秋刚入学时，他们还未全脱中学生的稚气；到今年夏天经一年的清华园生活，已经学到了满满的科学知识，人也成长起来朝气蓬勃。

2. 夜读需解莲心苦：暗指夜读时要体悟科学的精髓、追求的艰辛。苦甜不离，相生相伴。莲心谐音怜心、连心。

3. 映日根下藕节长：暗指荣耀的成就是基于坚实深厚的基础根本。杨万里诗云"接天莲叶无穷碧，映日荷花别样红"。

2.11 圆明园福海游

圆明园福海游

半边湖水半边冰，　万顷空光明镜中。

远踞天鹅疑似雪，　近飞凫雁激如星。

残园迟觉寒意减，　墟底渐感阳气升。

莫道冬长劫无尽，　轮回天道又东风。

（2010 年 2 月 22 日，于北京）

说明

　　冬末的下午，白日西悬。独坐圆明园福海边，久久看海。眼前是天光一片，半水半冰，鸟雁翻飞，风还很寒，但春仿佛近了。

2.12 南方科技大学创校颂

> **南方科技大学创校颂**
>
> 南国春来天下先， 方结硕果又花妍。
> 科教兴帮千秋事， 大道之行我当前。
>
> （2011 年 3 月 16 日，于深圳）

说明

深圳崛起为全国第四大城市，急需发展科教文化。乃决定举全市之力建设南方科技大学（南方科大）。我受聘到该校任教参与建设数学学科。此诗在 2011 年 3 月 20 日创校开学典礼上宣读。

注

1. 南国春来天下先，明指南方春早，也指南方科技大学"敢为天下先"。《易·乾》："先天下而天弗违，后天而奉天时"。朱熹注释："先天不违，谓意之所为默于道契。后天、奉天，谓知理如是，奉而行之"。

   然而，老子的道德经中将"不敢为天下先"定为其三宝之一，说："不敢为天下先，故能成器长"。所以，我国历来有敢和不敢为天下先之争。细读易经中的话，其实二者是对立统一的，而前者更重要。朱熹的注释解释道：先天下而天弗违，为什么？我们走在"天"（下）的前面，为什么"天"不违背我们，违抗我们，反而要遵照、顺从我们呢？因为我们所做的，其实是按"天"的意愿做的，是深层次地默契地合于"天"的道契，是代表世界潮流的前进发展方向的，当然"天"会遵照、顺从我们了。易经中也接着说道，后天而奉天时，就是要遵照天的时运而行动（老子所强调的也正是这一点），这其实和上述是一个意思，都是要合于"天"意。不过前者更自觉、主动，更能理解"天"的心意,是"天"的心腹爱将先锋斗士啊。

2. 方结硕果又花妍:不光是指南国的波罗蜜、椰子等累累硕果,金紫荆火焰树等姹紫嫣红。更是指南国改革先行,刚刚结出硕果,科教试验又紧接着绽放新花。

3. 科教兴邦千秋事:中华的伟大崛起,是千年一遇,甚或几千年一遇的历史机遇,是几千年才能轮回发生一次的历史性大事件,有的民族根本就遇不到这样的大机会。大国的崛起,需要科学文化的崛起。龙无云雨难以腾飞,鹏乘扶摇才能遽起。中国发展到现阶段,已经涉及深层次问题,科学教育已经对中华崛起起到至关重要的作用。这与改革开放早期的情况完全不同。现在,我国到处在呼唤高层次人才。钱学森之问直指高层次人才培养的严重问题。

4. 大道之行:《礼记·礼运》,"大道之行也,天下为公,选贤举能,讲信修睦。故人不独亲其亲,不独子其子……。恶其不出于身也,不必为己。……故外户而不闭。是谓大同。"大道之行,天下大同,是中华民族远古以来的梦。没有任何时候是比现在离这个梦更近的时候了!中华的崛起,科教崛起是关键。科教的深层改革,势在必行。

大道必欲实行。何人争先?我南方科技大学自当奋勇向前!

2.13 书院见南山

书院见南山

结庐西丽境， 讲诵弦歌喧。
戚戚欢具尔， 心近情无偏。
写读绿窗下， 悠然见南山。
山气阴晴嘉， 鸟音远近还。
此中有真意， 诗书传圣言。

（2011 年 4 月，于深圳）

说明

在南方科技大学任教，书院筑于西丽湖畔，晨夕与学子相聚，诗书弦歌之声不断。门窗南对塘朗山岭，葱郁绵延山景依稀可掬，有感于渊明诗而和之。

注

1. 讲诵弦歌，《史记》："讲诵习礼乐，弦歌之音不绝，岂非圣人之遗化，好礼乐之国哉？"《问政书院记》："弦歌以和其心，诵读以探其义。"

2. 戚戚具尔，指兄弟友爱。《诗经》："戚戚兄弟，莫远具尔。"

2.14 南方科大去筹颂

南方科大去筹颂

南风薰暖又一春， 科苑缤纷播庆云。
去却乍暖还寒意， 筹举盛世经纶人。

（2012 年 4 月 24 日，于深圳）

说明

南方科技大学在 2011 年 3 月开学时，只是"筹办"，首批实验班学生没有正式学籍。后来经历了种种风波困难，山重水复。经过各方努力，终于在又一个春天到来，处处姹紫嫣红的时候，盼来了好消息。2012 年 4 月 24 日教育部批准南方科技大学正式成立，去"筹"转"正"。喜讯传来，一片沸腾，得诗颂之。

注

1. 南风薰暖：《孔子家语》言，舜造《南风》之诗。其诗曰：'南风之薰兮，可以解吾民之愠兮'"。
2. 庆云：五色云。古人以为祥瑞之气。《列子》："庆云浮，甘露降"。
3. 乍暖还寒：李清照："乍暖还寒时候，最难将息"。刘清夫："乍暖还寒犹未定"。
4. 经纶：《易》言："云雷屯，君子以经纶"。孔颖达言："经谓经纬，纶谓纲纶"。

2.15 南方科大正式成立有感(七绝)

南方科大正式成立有感

七绝

何事神州最关情？ 天机只欠科教兴。

巽方喜见青萍起， 可待东风满寰中！

(2012 年 9 月 2 日,于深圳)

说明

教育部正式批准后,南方科技大学以高考与自主考核、平时成绩相结合的 6-3-1 模式,从八省成功招得 188 名优秀新生。2012 年 9 月 2 日,学校正式成立大会暨 2012 年开学典礼同时举行。这是南方科技大学的喜事,也是中华振兴的好兆头。

注

巽方即东南方,这里指南方科大所在地一带。青萍之末:宋玉《风赋》言:"风生于地,起于青苹之末,……蹂石伐木,梢杀林莽"。

2.16　南方科大正式成立有感之二（七绝）

南方科大正式成立有感之二

七绝

八裔鲲鹏竞图南，　欲抟扶摇负青天。
南科霹雳开新教，　至乐人生在育贤。

（2012年9月2日，于深圳）

说明

南方科技大学从八省招得新生，举行典礼正式成立开学。

2.17 南方科技大学之歌

南方科技大学之歌
（庄严宏大）

南海滔滔风雷卷，
大鹏展翅向九天。
中华民族伟大复兴，
崛起-南—科—大—，
开拓进取，创新敢为天下先。
行践弘毅，志存高远，
科学顶峰，勇于登攀。
自强不息，
    独立自主，
      海纳百川，
天降大任，大道之行我当前！
天降大任，大道之行我们当前！

（2015 年，于深圳）

说明

2015 年响应学校号召写校歌词曲(稿)，曲见 4.4 节最后。

歌词意义阐述

在南海之滨，看波涛云雷激荡，与四海五大洲相连。
在大鹏之城，我们像鲲鹏展翅，扶摇直上云霄九天。
正是中华民族伟大复兴，需要科教兴国的历史时刻，
在南海之滨，大鹏之城，崛起了——我校—南—科—大！
开拓开创，积极进取，改革创新，敢为天下先。
行为实践，博大而坚韧；志向目标，崇高而广远。
科学高峰，奋勇登攀。为中华科教文复兴做贡献。

效法天地，自强不息；

　　独立人格，独立思辨；

　　　　有容乃大，海纳百川。

天降大任，复兴中华，大道之行，历史责任光荣艰难，

　　我们要做新时代的先锋，冲在最前线！

2.18 教师节有感(七律)

教师节有感

七律

——师法先觉者普罗米修斯

盗来天火照人间， 暗授神机预知前。

雷电不屈缚崖壁， 鸷鹰恶啄献胆肝。

何惜一己心血尽， 必使文明薪火传。

千载为师师为谁？ 普罗米修斯觉先。

(2012 年 9 月 10 日,于深圳)

说明

普罗米修斯(Prometheus),是古希腊神话中的先觉者之神。他悯爱人类,盗来天上火种传给人类光明,教授人类智慧及科学技能,摆脱愚昧困苦。他预言未来的秘密。因此而惹恼了众神之王宙斯,也招致了诸神的愤怒。他被铁链锁钉在高加索山顶悬崖上,被惊雷闪电轰击,风雨暴晒折磨。又被宙斯派来的神鹰天天啄食肝脏,他的痛苦要持续无尽。而他坚定地面对苦难,维护人类,从不屈服。马克思称赞普罗米修斯是"哲学史上最高的圣者和殉道者"。我们传道授业解惑的老师们,正是要师法普罗米修斯先觉者的精神,竭尽一切努力传授给青年人真正的科学知识,真正的科学思想和远大理想,培养出一流的栋梁之材!

2.19　香蕉开花赞

香蕉开花赞

四月芭蕉捧赤心，　紫霞丹玉献青君。

流光结下黄金果，　蜡卷贝叶隐诗痕。

（2013 年，于深圳）

说明

　　南方科技大学校园里有不少香蕉树，开花时奉献出的是一颗红心，紫霞丹玉一般晶莹闪亮，正所谓"芭蕉开花一条心"。大学的老师们也如这香蕉树一样，捧出了红心，结下了黄金果实，香留人间。

注

1. 流光，指时光，蒋捷《一剪梅》："流光容易把人抛，红了樱桃，绿了芭蕉"。
2. 贝叶：一种珍贵的古代佛教经文页册，由棕榈科植物叶片用特殊方法制成。

2.20 华老天书天梯赞

华老天书天梯赞

映月几番参妙文， 如挹北斗细酌斟。
天梯种桃瑶池畔， 灿辉河汉看当今。

（2019 年 2 月，于清华大学）

说明

云南大学李彬博士春节时来函，寄《咏怀西南联大旧址》诗颂华罗庚老师：

"素数一书传百世，科研教育并量斟。

三千桃李神州遍，华老丰功冠古今"。

因此感而和之。

注

1. 中国科学技术大学的学生常称华老的书文为天书妙文。华老提倡天梯精神，人托举人，将青年托举上去。

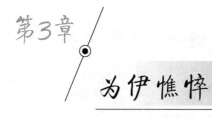

第3章

为伊憔悴

chapter 3

（数学追求篇）

数学，在人们心目中，就像是喜马拉雅圣山雪峰上传说中的女神，圣洁高贵，美丽威严。万人崇拜，少有人能近。崇拜者要有毅勇无畏的决心，经历九九曲折磨难攀登摔打，或能见到女神真面悟通些道来。

"衣带渐宽终不悔，为伊消得人憔悴"这是王国维所说人生第二重境界，苦苦地追求，或言苦恋。学数学的，当然包括学数论或代数几何的，都是经历过的，或是注定要经历的。追求的路上，多寂寞苍白，甚至凶险。有时也有回峰奇境，有花和梦。诗言志，歌咏言——偶尔留下的小诗是行进路上慷慨的歌，是转弯路边的标记。

3.1 梅竹松（十六字令三首）

梅竹松

十六字令三首

梅，

冰天雪地独花魁。

报春信，

火红灭雪白。

竹，

钢筋铁骨青铜肤。

不屈节，

任凭北风怒。

松，

漫天白中添翠青，

傲然立，

笑看寒魔凶。

（1961 年，于渔沟中学）

说明

这是初中时为决心不畏困难坚持上学而写。1958—1961 年，在渔沟中学读初中。学校在家东南 15 里，青龙山山坡上。涧水前绕，周围多山。还经常集体远行。留下了多少青春的美好记忆！但期间也经历了严重的安徽经济困难时期。有几次无书本费。幸好有几学期因为三好学生免除书本学费。有不少同学退学了。但上学是我的最爱。特学作此令，颂岁寒时节三友，明志，自勉。诗意：

火红的梅，傲立茫茫雪地冰原；

铁骨的竹，任北风怒号而节坚；

傲立的松，保翠青而笑对魔寒；

我要上学，心所向往何畏艰难？

3.2 灵璧别友

灵璧别友

别姬旧地[1]别挚友，　挂铜古槐[2]挂赤心。
临别依依回头时，　才知友情贵如金。
未敬送行一杯酒，　不因天涯有知音。
天高路远东风畅，　留贺他日风流人。

（1964 年 7 月，于灵璧中学）

说明

这是高中毕业分手时，诗赠给好友华兴月的。华兴月后来在上海上大学，山东工作。

我高中三年在县城灵璧中学，在家南方 90 里。县城北多山，曾与同学攀登；西北有凤凰山古道，上学时曾无数次往返。

写此诗时高考刚结束，前程未知。一个月后，我在家中接到了中国科学技术大学（当时在北京）的录取通知书。

注

1. 别姬旧地：灵璧为楚汉相争时的古战场，霸王别姬旧地，城东有虞姬墓。城南有垓下古战场遗址。
2. 挂铜古槐：灵璧城北 4 里，山边古道侧有古槐两株，传说曾经"秦琼挂铜，罗成拴马"。

3.3 东风歌（自题照）

东风歌

（自题照）

我是东天万里风， 天生不解有秋冬。

遍传寰宇东君令， 消尽青躯染春容。

（1967 年，于北京）

说明

　　这是大学时代自题小照诗。1964 年入学中国科学技术大学后，度过了一段美好岁月。中国科学技术大学位于北京西郊玉泉路旁，华罗庚是副校长和系主任。我不但入迷地学习了数学，也看了些文史哲的书，见识了不少。这是在与同学登顶香山的小照上题写的。

注

　　东君：太阳神，司春之神。

3.4　心潮

心潮

登山久望鸿雁远，　凭栏静观北斗明。
盘桓难去昆仑意，　奔腾不尽大江情。
海外风雨激血响，　夜半惊雷动心鸣。
正是红日东上际，　谁能平我心潮声。

（1968 年夏，于北京）

说明

此诗写于"文革"期间，中国科学技术大学校园。"文革"爆发后，停课一再迁延，遥遥无期。社会反复动乱不止，国运堪忧。中国科学技术大学的运动不算太激烈，但老师和同学们内心深处，多在暗暗焦虑。正是这种民情基础后来导致四人帮垮台，中国改革崛起。

白话翻译

我伫立在高山之巅，久久看那鸿雁高飞，直到天边远方
——我多想随之一起，飞向我的理想，追寻我的向往。
我在寂然的夜晚，在教学楼顶凭栏，静静凝视北斗之光
——我多想让她的光照亮我心，为我指引心帆的航向。
块垒压抑于胸，犹如昆仑盘桓心境，总难以平和纾解。
激情奔涌全身，好像江河滚滚入海，无时不翻卷巨浪。
海外的风雨气象，正在剧烈变幻，激响我血管中的热血，
半夜里睡梦之中，常常如闻枕上炸雷，震颤我的心房。
看世界，正当清晨，红日在东方冉冉升起，天将大亮，
太阳升力驱动，热血奔涌，谁能平和我这心潮的激荡！

3.5 即兴赠安勤

即兴赠安勤

识君青龙隈，　辞君去燕北。
十年一相见，　语君声欲悲。

仰首望征鸿，　指点说云飞。
案前共红色，　阑内马欲肥。

（1972 年 1 月，于灵璧）

说明

这是大学毕业又锻炼后，分配回故乡，见到中学好友吴安勤即兴所作。1970 夏我们 64 级学生毕业离校，当时学校已搬到安徽分散各地，数学系在铜陵炼铜厂劳动。离校后，在南字 127 部队白湖农场劳动一年半。于 1971 年底分配回故乡灵璧县。到灵璧后，见到初中和高中好友吴安勤等同学。吴安勤是南京航空学院（现南京航空航天大学）毕业。64 年高中毕业各奔南北，入大学时曾意气风发，不曾想动乱曲折，八年后回故乡再相聚真如一梦。相谈不禁感慨，即兴赠安勤此诗。

注

1. 青龙隈，指青龙山之畔。我和吴安勤共同初中母校所在地。

2. 去燕北，指去北京燕山，入学中国科学技术大学。

3. 案前共红色，指桌前共饮红葡萄酒（其实当时并无饮酒。当时在座的还有我们中学老师高孝灵，爱酒，直说"共红色，拿酒来"，我说一定后补）。

4. 阑内马欲肥，暗指心中还有远行之志。

3.6 喜乐思志

喜乐思志
——贺安勤志东结鸾

情芳百春， 谊馨万里。
琴之瑟之， 歌以咏囍。

龙腾寒窗， 凤栖兰阁，
辛矣幸矣， 歌以咏乐。

桂楣椒室， 玉帐金支，
怡哉悒哉， 歌以咏思。

燕鸾于飞， 鲲鹏振翅，
风兮凤兮， 歌以咏志。

（1972 年春，于灵璧）

说明

此为祝贺同学好友吴安勤新婚的赠诗，贴于新房。因含强烈的"喜乐不忘思志"之意，显出当时的心境，故录在此，暗合上诗。这是唯一一首四言仿诗经的诗。

注记

1. 琴之瑟之：《诗经》言"窈窕淑女，琴瑟友之"。
2. 龙腾寒窗：安勤初中贫苦，在青龙山前寒窗读书。
3. 凤栖兰阁：安勤新婚于凤凰山下。
4. 桂楣椒室：屈原《湘夫人》，"播芳椒兮成堂。桂栋兮兰橑，辛夷楣兮药房"。
5. 燕鸾于飞：诗经，"燕燕于飞，差池其羽"。
6. 风兮凤兮：刘邦《大风歌》，"大风起兮云飞扬，威加海内兮归故乡"。诗经："凤凰鸣矣，于彼高冈"。司马相如："风兮凤兮归故乡，遨游四海求其凰"。

3.7　燕山恋（七律）

燕山恋
七律

七秋华庆此夕同，　万绪千思赴帝京。
梦绕天碑焰火乱，　魂吻云阙崇泪盈。
白塔玉影青秋碧，　丹叶金风老霜红。
重会何时燕君面，　此情该化铸紫虹。

（1972 年 10 月，于灵璧贺桥村）

说明

　　此为国庆夜在乡下社教时所作。大学毕业后在部队农场锻炼一年半，1972 年初回家乡在农村作社教工作一年。地在灵璧南黄湾乡，为楚汉相争垓下古战场。国庆日晚上，不禁回想起在北京的情景。感慨而写下此诗。

3.8 忆得

忆得

忆得京华春初回， 东风十里携云归。

红花纷纷铺地落， 紫燕翩翩绕肩飞。

锦程万里同指看， 陶然当时共忘机。

我歌白云来依依， 敢信崇光长我随。

（1972 年 6 月 24 日，于灵璧贺桥村）

说明

1972 年在安徽古垓下农村社教。作此诗自励。

3.9 垓下寄远

垓下寄远

我来沱河滨，	常临观流水。
九曲自天外，	万里至此徊。
铁闸何威耸，	玉波异奇辉。
风云多变幻，	一朝大海归。
垓下砂礓冷，	野茫茅草白。
十面风啸啸，	犹似楚歌悲。
日忙万事急，	夜闲百思集。
披巾中庭立，	夜之如何其。
耿耿长河落，	灿灿众宿移。
飞星空遗恨，	七斗耀拥极。
天行寂无声，	日轮惊雷霹。
宇宙且不息，	我辈何迟疑。
念此忽举笔，	今夕一何夕。
皎皎河汉女，	迢迢有灵犀。

（1972 年 7 月 7 日，于灵璧贺桥村）

说明

　　1972 年在灵璧南黄湾乡下社教时所作。该地为楚汉相争垓下古战场，有沱河流过，旷野上茅草茫茫，地薄多砂礓。当时文革仍迁延，远离所学数学，前景不明，心意彷徨。

　　"天行寂无声，日轮惊雷霹。宇宙且不息，我辈何迟疑。"这是当时困惑中"夜观天象"所得到的"大彻大悟"。不料后来到清华大学见到"天行健，君子以自强不息"的校训，竟然正好意义相合。可见天下的"理"是相通的。

注

1. 沱河,古称浚水,垓下故战场的主要河流。河上有闸,形成很深的水库,玉波荡漾。
2. 垓下地薄,土层表浅之下尽是砂礓,多生茅草。

3.10　与同学游逍遥津呈吕书记（七律）

与同学游逍遥津呈吕书记

七律

千日一逢莫感伤，　逍遥园内草正芳。

夭夭花映芙蓉水，　袅袅柳梳仲春光。

三岁未凋天地色，　一冬几冷男儿肠。

万端总赖东君意，　绿我青春鬓上霜。

（1973 年 4 月，于合肥）

说明

1973 年春到合肥参加培训。当时中国科学技术大学已完成到合肥的搬迁。我到校与老师和同学重聚。听闻中国科学技术大学拟招进修班，很高兴，特别想趁此回校进修。作此诗呈数学系的吕兢书记。

吕书记和我诗，有云：东风且把周郎顾，诸葛稳坐一叶舟。后来在当年 8 月得以回校进修、工作，重拾数学，做代数数论的研究和教学。这是我学术人生的一个重要节点。

注

1. 逍遥津：三国古战场，为合肥旅游首选之地。

2. 千日一逢，三岁未凋：1970 年在铜陵毕业与老同学分别，1973 年到合肥再见到老同学，已近三年。

3. 东君：太阳神，司春之神。

3.11 游大明湖（七律）

游大明湖

七律

自古明湖倾国姿， 泰阴未预今日期。

散髻西子迎前柳， 闲奕仙人去后石。

气蒸云霓飞奇羽， 波摇趵突跳白鱼。

北渚更疑古人语， 沧浪水绿欲何之？

（1976 年春，于济南）

说明

带中国科学技术大学学生到山东大学借用电子计算机实践，同游大明湖而作。1974 年中国科学技术大学招收一批新生，代数编码专业，联同部队进修人员，同班上课。我教他们代数和数论。1976 年春，带同学们到山东大学借用电子计算机实践，同游名胜大明湖。

注

1. 大明湖，济南市北部名胜，众泉汇成，"翠柳垂荫，婀娜多姿""湖光浩渺，山色遥连"，成就了"四面荷花三面柳，一城山色半城湖"的济南特色。

2. 闲奕仙人去后石：湖中岛上有亭，有青石桌棋盘，谓杜甫李白下棋处，也谓古代仙人下棋去后所留。

3. 飞奇羽：当日见高空中奇鸟白羽隐约飞翔。

4. 波摇趵突跳白鱼：大明湖与趵突泉水势呼应，当日船行湖上，有白色大鱼成群随船跳跃，不少鱼跳入船舱。

5. 北渚：大明湖北岸有地名北渚、小沧浪。

6. 沧浪水绿：大明湖北岸有小沧浪。古孺子歌云："沧浪之水清兮，可以濯吾缨；沧浪之水浊兮，可以濯吾足"。《楚辞·渔父》引用后，多用以暗喻时政。七六年春政治清浊涡旋，鱼龙惑服，心疑忧焉。

白话诗翻译

自古就传说，大明一湖，独有倾国之美姿。
在泰山之北，未曾料想，今日与你相知遇。
岸边的垂柳，仿佛西施，飘洒长发来前迎。
岛上的石桌，何时棋局，哪处仙人曾对弈？
观蒸气上扬，直冲云霄，飞翔着珍奇水鸟。
感湖水摇撼，波连趵突，白鱼竞跳入船里。
在北渚徘徊，沧浪亭下，疑惑着古人言语。
今沧浪水绿，浊清莫辩，我该如何应对之？

3.12　送丙辰

送丙辰

时逢七六大难生，　太空崩坠日月星。
赤鬼白骨来汹汹，　妖氛千丈压帝京。

无常执锁呼声声，　山摧地陷九州惊。
举国侧目风雨腥，　天锣地鼓敲心痛。

天若有情天亦薨，　恶到满盈恶须终。
神光一展妖氛清，　劫灰飞尽天下平。

云高庆雷播彩虹，　地无惊烟河汉澄。
神州八亿有新生，　中华民族要昌盛！

（1976 年 10 月，于合肥，中国科学技术大学）

说明

1976 年，丙辰年，多颗巨大的流星陨石崩坠于东方，大者径米，重量过吨。国家领导人周恩来总理、朱德委员长、毛泽东主席相继同年逝世。哀乐漫压神州。赤鬼张春桥、王洪文、姚文元，白骨精江青结成四人帮，加紧篡党夺权，血腥镇压四·五天安门运动，全国一片白色恐怖之中。七月暴雨，唐山空前大地震，山崩地裂，死伤四十余万，举世震惊，多地住地震棚，一片混乱。人民为国家民族命运忧心如焚，四人帮天天逼人组织游行，锣鼓喧天庆祝他们"文革"十年和反右倾的"伟大胜利"。

十月六日，中央一举粉碎"四人帮"，全国人民欣喜若狂。中国迎来大转折，迎来复兴的希望，也迎来科学的春天。此为当时喜极而歌。特点是句句押韵，一气贯底。

3.13 求索(七律)

求索

七律

十冬过尽是佳春， 好化痴心作赤心。

笔底功夫犹恐浅， 梦中追探始得真。

神行风暴旋昼夜， 枕起电雷觉迷津。

小静观书若会友， 相知对语悦心深。

(1979年，于合肥，中国科学技术大学)

说明

十年"文革"过去，科学的春天到来。对数学的痴迷终于可以付诸实践。夜以继日的紧张学习和研究，寝食不安，梦中似也在追索，脑风暴昼夜不停，常于朦胧中顿悟警醒。

3.14 辞京(七绝)

辞京
七绝

燕峰伫立永定流， 百转千徊离源头。
莫道水流不复返， 翻为云雨谢幽州。

（1980 年）

说明

"文革"结束后,中国科学技术大学的科研气氛非常紧张激烈。
我也像许多科大人一样,经常往来北京—合肥之间查阅资料和参加
研讨会。往来很不便,车票难求。科大人迁入合肥后普遍对北京很
眷恋。

3.15 欢迎查吉尔(七绝)

欢迎查吉尔

七绝

桃艳谁簪细柳丝，　莺迎燕迓查吉尔。

算经深广无止境，　友谊久长未已时。

(1982 年 4 月,于合肥,中国科学技术大学)

英文译文

Gorgeous peach flowers

    Blossom at the willow's verdant hair.

Warblers dance swallows sing

    To welcome Professor Don Zagier.

Profound and splendid,

    Number Theory expounded is without limit;

Everlasting and never ending,

    Friendship planted will grow up just as it.

说明

1982 年春,华罗庚邀请国际著名数论学家查吉尔(Don Zagier)到中国科学技术大学(在合肥)讲学约一个月。当时"文革"刚结束,刚开放国门。数论学习刚起步,听到查吉尔的精彩报告我们都很兴奋,报告会气氛很热烈。中国科学技术大学校园里桃红柳绿,莺歌燕舞,充满着希望。我写此诗给查吉尔欢迎他。讲课期间,查吉尔还指导我修改论文,并推荐到美国的数论杂志(Journal of Number Theory)发表,论文解决了四次域的相对整基问题。查吉尔后来还邀请我访问马里兰大学一年多,数学上得到他许多指点。我也常和他谈论诗词汉语等。这是我学数论的一个重要节点。

3.16 燕京行(七绝)

燕京行

七绝

九月新菊满帝京， 金花玉雨桂枝风。

登高时令依然早， 枫叶西山脉正青。

(1985 年 9 月,于北京)

说明

1984 年查吉尔(Zagier)书面评价我发表的 8 篇论文:"在欧洲和美国的任何一所大学里,毫无疑问能为张先生赢得博士学位"。因此学校着手组织论文答辩。次年 9 月初,冯克勤、陆洪文二位教授和我,由中国科学技术大学同到北京中科院,和在玉泉路的曾肯成教授汇合,到北京大学由丁石孙教授主持我的博士论文答辩。多年曲折幸有结果。北京正是天高气朗,有感而作。

注

金花玉雨桂枝风:指金黄色菊花,清亮的雨(当天是阳光伴雨),盛开桂花枝间飘来的徐风。

3.17 赠陈省身大师

赠陈省身大师

西天成大佛， 功德化东方。

潜心求大衍， 意念发龙翔。

（1987—1988 年，于美国）

说明

这是 1987—1988 年访问美国时，书赠陈省身大师的诗。

注

1. 西天成大佛：指陈先生在西方从事数学研究多年取得巨大成就。陈先生游览河南洛阳龙门石窟大佛像时，曾将数学研究比于得道成佛。他说嘉当那样的大数学家是大佛，谦称"我们"只算是旁边的小佛。

2. 功德化东方：指陈先生为中国数学发展做出巨大努力和贡献。创立研究所，培养年轻人才，成就很多。

3. 求大衍：指从事数学研究。大衍求一术是著名数学理论，此处指数学。

4. 意念发龙翔：心心念念尽力促进中华腾飞。

3.18 欢迎茹宾、华盛顿、李文卿(七律)

欢迎茹宾、华盛顿、李文卿
七律

嘉宾五月降都门，　演论春花舞缤纷。
御海徘徊群环影，　长城盘旋曲线魂。
观音千手孰为数？　石棒满劫疑有神。
自古数家多梦幻，　于今别梦更添君。

(1990年春，于承德)

说明

1990春季，卡尔·茹宾(Rubin)、劳·华盛顿(Washington)、李文卿等国际著名数论学家来华，在天津南开大学数学研究所讲学。讲述代数数论、椭圆曲线、代数几何等现代数学。期间一同游览承德避暑山庄、长城等，大家在湖光山色之间愉快地讨论群、环、曲线。承德的千手千眼观音像是世界最大的木雕佛像，有棒槌石高60米如棒球棒倒立山顶，危如将倒。当时，有关300多年传奇历史的费马大定理证明的传闻，近乎白热化(三年后怀尔斯宣布证明)。茹宾和华盛顿等人争论猜赌：千手观音哪只手做数学？棒槌石与费马猜想何者先倒掉？

英文译文

To Prof. Rubin, Washington, and W. Li

You our best friends landed

　　　　near the Forbidden Palace in the May season,

Then lectured with flower petals

　　　　raining and dancing in riotous profusion;

Circled around Emperor Lake,

　　　　wavering Cyclotomic shadow or reflection,

Zigzagged along the Great Wall,

　　　　winding Elliptic curves' spirit and reason。

Thousand arms of Goddess Guanyin,

　　　　almighty,which does Number Theory?

Inexorable doom of Stone Stick and Fermat,

　　　　coming,who knows Fates Three?

From ancient times,mathematicians

　　　　have much more dreams worry,

Ever afterwards,there will add

　　　　you in each of my parting reverie!

Remark

The poem records a "bet" of Rubin and Washington on the precedence of fall of Fermat's Last Conjecture and the Stone Stick of Chengde, which is famous and like a hug baseball barstanding upside downdangerously on top of a hill at the city Chengde. The poem also records the sightseeing accompanied by number theory lectures and discusses.

3.19　峨眉行(七绝)

峨眉行

七绝

西入峨眉天境游，　凡尘看破五千秋。
危绝曾历天一线，　自有神佛在心头。

(1991 年秋,于四川)

说明

　　1991 年秋同几个研究生一起到成都,参加全国数论会议,访乐山大佛和峨眉山。精神大振。此前曾身体不好。

3.20　赠韩家珍老师(七绝)

赠韩家珍老师

七绝

风写西山丹叶诗，　梦回尤小乍春时。
花开崖畔平生忆，　最念知遇韩老师。

（1998 年，于清华大学）

说明

　　韩家珍老师是我的小学老师，尤小——尤集小学，是我的小学母校，离家三里多。当时新中国刚开国，气象万千，生机蓬勃，人们充满对未来的憧憬。小学六年给我留下难忘的美好记忆，也对塑造德、智、体、性格、理想影响良多。韩老师给予我的特别关心爱护和期望，令我终生难忘。记得她当时县师范刚毕业，充满朝气活力，教我们唱"崖畔上开花崖畔上红"。

3.21　庐山五老峰(七绝)

庐山五老峰

七绝

天如碧水岭如莲，　五瓣芙蕖秀青天。

今日我来莲上坐，　风云观尽一万年。

(2007 年 8 月，于庐山)

说明

2007 年 8 月清华大学数学科学系教师去庐山开会。与会者一起参观了五老峰和庐山会议旧址等。

3.22　桂南仙峰咏(七绝)

桂南仙峰咏

七绝

万千神女降桂南，　仙态天质舞翩翩。

玉帝数诏终不去，　化作群峰住人间。

(2007 年 11 月，于广西)

说明

2007 年 11 月应广西科学院长罗海鹏、广西师范大学、广西民族大学邀请去作系列讲学。一行同到桂南等地参观。

3.23 春节题竹节海棠(七绝)

春节题竹节海棠

七绝

蜡叶玉竿红俏妆， 芳心点点旖旎香。

不由冰雪凋花色， 四季新苞看海棠。

(2018 年春节，于深圳)

说明

2016—2018 年在哈尔滨工业大学(深圳)任教，该校由原哈尔滨工业大学(深圳)研究生院改创，刚开始招收本科生。校园在深圳美丽的大学城里。寒假春节期间，幸有盛开的竹节秋海棠和数学诗书相伴，喜而赞之。

诗意注释

叶如绿蜡，竿似翠玉，花若红梅俏新妆。

仙葩初开，红心颗颗，花序如霞生暗香。

岂能任由，严冬冰雪，凋尽天下的花魂？

四季常开，时时新鲜，看我竹节秋海棠！

3.24　咏鹤

咏鹤

九皋生仙鹤，　鸣声闻于天。

铁脊峻骨立，　道心万物闲。

翩若鸿鹄舞，　仪来凤鸾还。

一飞冲宵上，　翱翔云宇间。

（2019 年 9 月，于清华大学）

说明

此为观吴端恭画鹤系列有感。吴是集美大学数学教授，我的大学同窗好友。吴在做数学的同时，书法和绘画也有很高成就，曾得国际奖。

诗意注释

鹤，本生于荒野大泽僻远。

仰首而鸣，也可上达于天。

铁脊峻骨独立，道心不争而宽。

舞起翩若惊鸿，腾飞似鹏鹄上抟。

贵如凤凰来仪，风雅似鸾龙盘翩。

飞则直上云霄，逍遥游于天地之间。

——鹤的生性，对于治学者的人生，颇有象征性。

3.25 立冬咏马

立冬咏马

历历西风寒。　龙媒啸九天。
蹑云将摇举，　大漠落日丹。

（2019 年 11 月，于清华大学）

说明

此为观吴端恭立冬画马"落日圆"有感。吴是集美数学教授，我同窗好友。

注

龙媒，言天马近龙。

将摇举，将腾跃高远。汉武帝天马歌："将摇举，谁与期"，"龙之媒，游阊阖"。

诗意注记

天马在深秋寒风、大漠落日的背景下，向天长啸，将踏云腾飞。——暗示在画作背后数学教授老画家"壮心不已"的意志。

3.26 咏马

> **咏马**
>
> 六龙伴我跃坤乾， 几历坚冰霜履难。
> 泣血涟如玄黄战， 房星照耀行空天。
>
> （2020 年 4 月,于清华大学）

说明

此为观吴端恭画马系列有感。吴是集美数学教授,我大学同窗好友。

注

1. 六龙伴我跃坤乾:指马与六条龙一起在天地乾坤之间腾跃驰骋。易经中阴爻表象为马,阳爻为龙。因位而有六马六龙,跳跃交错组合成乾、坤等 64 卦,以表征演绎万事万物。故首句指马(阴爻)在龙(阳爻)的陪伴下在天地之间(乾坤各卦中)腾跃飞驰。

2. 坚冰霜履难:《易经·坤》言"履霜,坚冰至"。

3. 泣血涟如玄黄战:《易经·屯》言"乘马班如,泣血涟如",大意是勒马徘徊,泣血痛哭。《易经·坤》言"龙战于野,其血玄黄",大意为一场血战,或者一场辉煌之战。

4. 房星照耀行空天:《晋书》言房四星"曰天驷,为天马",即天蝎座主星,昼夜行于天空。李贺:"此马非凡马,房星是本星"。

诗意注记

马,在六龙的伴随下,在天地乾坤之间奔跃飞腾向前。
多少次繁霜满地严冬遽至,多少次坚冰摔倒深雪埋陷。
曾经过犹疑徘徊前途迷茫,曾经过泣血痛哭生死离难。

也曾经与命抗争绝战于野,其血玄黄化为永远的悲惨。
我本是天驷星下凡,天命在身,何方何难能将我阻拦?
看我天马星座高悬,辉煌普照天下,不分昼夜绕地环天!
　　——此诗借天马之行,讴歌了艰难奋斗不怕牺牲
抱必胜信念而一往无前的科研志士们。

第4章

敲门即开门

chapter4

（治学方法篇）

"敲门即开门"——这句话震惊了当初年轻的我。年轻人对人生前景其实是不明的，此路走向未来能不能敲开成功之门，心存疑虑。因此我从年轻时候起，对治学人生方面的历史文献事例、经验、见解，就格外留意、思考，对华罗庚等老一代科学家在中国科学技术大学留下的治学风范、精神、方法多加学习。为了教学和研究生培养需要，也写了一些治学方法和人生的文章。后来传开，很受学生和网络上的好评。现稍加修改，收入几篇。

4.1 治学法与辩证法七题

说 明

本文写于我在中国科学技术大学任教时。很快就被学生们在油印小报《蛙鸣》上分期刊登，受到学生甚至家长的喜爱，也传到了校外。前年，在美国斯坦福大学留学多年的我的原研究生（科大少年班的段同学），来信建议我将此文贴到主页上，信甚恳切：

"您可以把那篇文章扫描进（网页）去；从那（1990 年）以后很少看过类似的文章，对想以研究为业的学生很有用。比如我现在的导师，如果不问的话，绝对不说如何做研究，感觉在方法上没多少收获；甚至有导师和没有导师对我没什么差别，纯粹是一个人在折腾。"

这促使作者想将此文贴上网页。近日与清华大学的研究生们座谈，会后同学们热情的将本文制作成电子版，甚为感谢。趁此机会也稍作修改，准备贴到主页上（2003 年秋写的电子版说明）。

序 言

写此文原为奉命，当时借机发挥，预备用于教学。没想到中国科学技术大学、信息学院（郑州）等校不少学生及家长反映出如此兴趣。

如果说此文有什么特别之处的话，我想主要是能够和勇于依实依理讲了些"真话"，透露了一些治学的"天机"，希望有益于来者。诚然这些多是亲身历悟最深者，但主要应是源于华罗庚等科学家在中国科学技术大学培育起来的治学传统。这在出创造型人才、出创造性成果方面是相当成功、相当有特色的。现在国家发展了，但似乎更应呼唤献身科学的精神——这一人类永恒的前进主题。愿以写给 90 级研究生的七绝逍遥游一首，在此献给有志青年：

鲲鹏怒化垂天翼，海运扶摇九万击。

野马息吹抟视下，苍苍正色上至极。

正　文

　　我们的国家正在振兴,我们的时代正是千载难逢的科学的春天。大批青年学生和研究生正向科学高峰攀登。我愿以所知、所历、所见、所悟,与他们一起探讨治学方法的问题。当然我的历悟是极其有限的,而这里讨论的"治学"也主要是理论科学研究。"针对性"是辩证唯物主义方法的生命,所以我们有针对性地着重强调最需注意的方面,而不求折中调和、面面俱到。更不愿八面玲珑。

　　下面,我们的讨论分两个部分:治学者的心理素质,和治学者的辩证方法。共分为七个主题:

　　一、大志是成功的基因;

　　二、自信是成功的钥匙;

　　三、勤奋是成功的度量;

　　四、动脚:掌握资料,获取信息;

　　五、动手:直攻法与高难法;

　　六、动脑:创造性思维的特点;

　　七、动眼:一本书主义与渗透学习法。

　　治学者的心理素质对学业成功的影响,远较治学方法为大。离开了前者,后者就失去了依托,成为无源之水、无本之木。相反,有志于攀登科学高峰的学生,或迟或早总会在攀登实践中摸索出自己的方法。正如华罗庚所说"熟练生出百巧来"。所以对心理素质的培养最为重要。

一、大志是成功的基因

　　"鸟有凤,而鱼有鲲。凤凰上击九千里,绝云霓,负苍天,足乱浮云,翱翔乎杳冥之上;夫藩篱之鷃,岂能与之料天地之高哉!鲲鱼朝发昆仑之墟,曝脊于碣石,暮宿于孟诸;夫尺泽之鲵,岂能与之量江海之大哉!故非独鸟有凤而鱼有鲲也。士亦有之!"

战国时代著名辞赋家宋玉这段话说得非常好：鸟中有高翔之凤，飞则上击九千里，绝云负天。藩篱小雀哪能和它同想那天宇之高？鱼中有化鹏之鲲，游则发昆仑而宿大洋，尺泽小鲵哪能和它共论那江海之大？不独鸟有凤、鹦之分，鱼有鲲、鲵之别，人也一样！人的理想志向和人生价值观、宇宙观，相差何止千里。

凤凰鲲鹏的一生，由其基因决定。成长不过是基因的展开。松柏参天、牵牛匍匐，早在种子中的基因就决定了。那么，帝王将相宁有种乎？答案是，生物学上意义上是没有的（这对穷人家的孩子是好消息，很励志）。——"使人伟大或渺小的，皆在其人立志"（席勒）。好！如果说成功也有"基因"的话，成功的"基因"就是大志。成功不过是大志的展开。大志是成功的"超生物学"基因。大志是成功者的"超生物学"特征。

以前说评书的常说：岳飞是大鹏金翅鸟转世，薛仁贵是白虎星下凡。基因自然与凡人不同。行为皆如神助。为什么要这样说？就是极言他们志向与众不同。将志向形象化、脸谱化、"基因化"、物质化。志，就是心，志字上面的士是读音指示。

因此，治学者，欲成功，须得有大志，有攀登到科学顶峰之志。人生贵在有志，"有志者事竟成也"，"精诚所至，金石为开"。"志不立，天下无可成之事"（明王守仁）。

很早就听说圣经中有这样的话："敲门即开门"。觉得很震惊。圣经大多是长期的古代民间传说记录，"敲门即开门"这句话，应视为古代人民的智慧和经验之谈：只有去敲门，门才得以开；只要去敲门，门就可以开！后来查对此话的原文，是在马太7章7～8节。全文是：

"Ask and it will be given to you; Seek and you will find;
Knock and the door will be opened to you.
For everyone who asks receives; he who seeks finds;
and to him who knocks, the door will be opened."

（要求，那就会给你；寻求，你就会发现；

敲门，门就会向你敲开。对任何人；

要求的得到；寻求的发现；敲门的门会开。）

让我们勇敢猛烈地、持续不断地，去叩击那科学宫殿的大门吧，科学圣堂的大门定会向我们轰然敞开！

强调"立志"，是否是哲学上的"唯心论"或"唯意志论"呢？唯物主义应当只强调客观物质世界的呀？！——让我们读一读马克思吧。马克思在《关于费尔巴哈的提纲》中对费尔巴哈这位"古典"唯物主义大师有十一条批评，其中赫然写在第一条的是：

> "从前的一切唯物主义，包括费尔巴哈的在内，其主要缺点是：把事物、现实、感性，只从客体的形式或是从直观的形式去理解，而不是当作人的感性活动，当作实践去理解的，不是主观地去理解的。所以，结果竟是这样的：那能动的方面是和唯物主义相反的由唯心主义加以发展了，——但只是由它抽象地加以发展了，因为唯心主义当然不知道现实的感性活动之为现实的感性活动的。"

马克思的话多好啊，要将事物、现实"当作人的感性活动，当作实践去理解"！成功是奋斗出来的。再也不能把主观能动的方面让给唯心主义去发展了！比上述论断早一年，马克思还有过更为明确的、格言般的论断：

> "光是思想力求体现为现实是不够的，
>
> 现实本身也应该力求趋向思想。"

光是思想去体现现实，那是机械唯物论。同时还要求现实趋向思想（真理），以思想改造现实，那才是辩证唯物主义。事实上，马克思本人在他博士论文的序中就早已立下了在自己的斗争和苦难中注定要成为普罗米修斯第二的誓言：

> "不惧神威，不畏闪电，
>
> 也不怕天空的惊雷……
>
> ——普罗米修斯是哲学史书上最高尚的圣者和殉道者！"

不惧神威、闪电、惊雷，这是实践的哲学史，不是空谈哲学史。

说起普罗米修斯，应当赞美中国科学技术大学的"普罗米修斯盗火式教学法"。华罗庚等老一代科学家在中国科学技术大学建立和留下了这样的教风传统:拼命把最新、最本质的科学知识之天火,把炙爱科学、献身科学的精神之天火,盗来传给学生,而不顾任何的天条禁限,不畏宙斯的雷电轰击和众神的兴师问罪。即使是在"文革"前后的气氛下,中国科学技术大学的老师还是尽量地(或谓之偷偷地、夹带地、钻空子地、不顾命地、情不自禁地)向学生透露一些深层现代的科学理论,和追恋科学的痴情精神。

一个人一生成就不足,甚或一事无成,原因可以转怪多方面,但根本的原因在于自己:志向不够真高远,目标不够真宏大。"人生将如你所想",性格即命运。态度决定一切。这和现代量子力学理论传递的哲学原则是一致的:探索事物的方式本身,决定所探事物的结果。事本无定果,君自行得之。这和机械决定论,或宿命论,是非常不同的。后者认为一切结果都已天定,只不过是人们不知,或者还没到知的时候,或者永不可知。发展到极端,就要去迷信算命了。算定你明天中午定要喝酸剩菜汤,是命中注定不可更改的。但是实际上,来事还没开始,结果还未确定,主命在我,我即我命。"志之所向,金石为开,谁能御之?"天变不足畏,人言不足恤。日本鬼子进中国,也没能挡住杨振宁登上诺贝尔奖的领奖台。天降贫残,也没能挡住华罗庚攀上数学的辉煌高峰。

立志非是空言,恒毅实践。胜利岂属懦夫,勇者夺之:

> 有志者,事竟成,破釜沉舟,百二秦关终属楚。
>
> 苦心人,天不负,卧薪尝胆,三千越甲可吞吴。
>
> ——蒲松龄(书镇联)

立志,也是一个过程,甚至是一个终生的过程。它不是一劳永逸的,更不是一朝一夕就能宣布完成了的。我想有以下几点应强调:

1. 大志者不愧于时代。现代的形势可谓

"千载一时,胡不立志?!"

试想有志于科学者数千年来,何时有现在的好时机。以前的自不待说,即便是新中国成立后,国家这样鼓励、需要科学工作者也是从未有过的。科学史表明,处于上升阶段的国家在达到它的顶峰以前,必然涌现出大批科学家。正如恩格斯热情地讴歌"文艺复兴"时代

那样：

"这是一次人类从来没有经历过的最伟大的、最进步的
变革，是一个需要巨人——在思维能力、热情和性格方面，
在多才多艺和学识渊博方面的巨人的时代"。

现在的中国，正处于比"文艺复兴"更辉煌的阶段。我们正面临千载
一时的中华民族伟大复兴的历史机遇和天下大势。人民、国家、时
代，需要大批人才，尤其是高素质科学人才。时势造英雄。我们的时
代必然造就大批的中国科学家、文学家、哲学家、外交家，等等。你不
去应选，必然有别人跻身而上。"千载一时，胡不立志?!"

马克思说："人生来就是这样安排的：他只有为了社会进步和同
时代人的幸福而努力，才能够使自己完善起来"。

爱因斯坦说过："人只有献身社会，才能找出那实际上是短暂而
有风险的生命的意义"。

超越"短暂的生命"，追求生命的永恒意义，这都和我国古代的生
命"三不朽"的思想很相合。《左传》说：

"太上有立德，其次有立功，其次有立言。虽久不废，此
之谓三不朽"。

对于文理科尤其是数学等学科，正如后来不少文人，每以"立言"为要
务，"盖文章经国之大业，不朽之盛事。年寿有时而尽，荣乐止乎其
身，二者必至之常期，未若文章之无穷。是以古之作者，寄身于翰墨，
见意于篇籍，不假良史之辞，不托飞驰之势，而声自传于后。"

为振兴中华造福人类而树立大志，科学研究"誓凌绝顶"，才不愧
生逢这伟大的时代。

2. 大志者择书而读。从治学立志角度看，书可分为两类。一类
是补志鼓气的，如历史（世界史，各类科学史，断代史），人物传记，哲
学，特别是各种学术著作，学术期刊。另一类是夺志泄气的，如一部
分文艺作品（甚至包括一些优秀作品），一些低俗读物，一些杂乱无据
的消息评论秘闻，一些似是而非的"家传秘方，看破红尘"。前者多是
真实的、是历史的轨迹、是成功者的记录，读来能激励人们的奋发向
上精神。而后者多是失败者或是闲暇者的哀叹、悲鸣、抱怨，甚至无

聊昏话,虽然从作品当时的背景看,它思想性上也可能是好的,艺术水平也可能还不很低,但它总是给人某种心灰意懒的厌倦,悲观出世的惑诱,怨天尤人的情绪,彷徨无着的犹疑,易在不知不觉间受感染。读书方面有古言:经不如史,史不如子。所以读经虽好,但读抽象的说教往往不如读史(尤其是科学史)对人更有影响;而读史可能不如读伟人传记给人震撼力更大。萦萦心间,历历眼前,不由不见贤思齐,心向往之。进而,读科技专业著作论文("子"的深层),学有所成,对人生和思想情趣的影响是最根本的。学有所成,业有专长,立意境界自然就高了。当然人生是有阶段和韵律的,有暇时翻翻自己喜欢的文艺作品,爱好多样,是辩证统一的;如果这样的作品能够鼓舞人心,启发思维那就更好了。我记得文学书《浮士德》《斯巴达克斯》对我的影响很大,包括人生的思考和词语的力量。

3. 大志者崛起于受挫。从一定意义上讲,"挫折"甚至是更有利于人生和治学。司马迁在"报任少卿书"中写道:

> "古者富贵而名摩灭,不可胜记,唯倜傥非常之人称焉。盖文王拘而演周易,仲尼厄而作春秋;屈原放逐乃赋离骚;左丘失明厥有国语;孙子膑脚兵法修列;不韦迁蜀世传吕览;韩非囚秦说难孤愤;诗三百篇,大抵贤圣发愤之所为作也。此人皆意有所郁结,不得通其道,故述往事,思来者。乃如左丘明无目,孙子断足,终不可用,退而论书策,以舒其愤,思垂空文以自见。"

现代也有很多例子,郭沫若受挫流亡日本时,识译了甲骨文,奠定了他考古学和历史学的基础。华罗庚贫处小店,肢体病残,志向不灭,攀上辉煌数学高峰。高尔基在大学校园里叫卖烧饼,陋窝灯下苦读,终成一代文豪。

> "学问积成于不必学之时,
> 成功奠基在大失意之日。"

事实常常就是这样,这是治学的辩证法。究其实,做学问需要安静、专心、时间,这些都在失意寂寞之时才有,在得意热烈之时所缺的。歌德说得好:"追求伟大事物的人必须全力以赴,巨匠在限制中才能

表现自己,而规律只能给我们以自由。"《浮士德》中的上帝开篇说道:

"人们的精神总是易于驰迷,动辄贪恋着绝对的安宁。

因此我才造出这恶魔,以激发人们的努力为能。"

所以,恶魔也许正是天帝的激励。磨难或许正是历史的筛子。千淘万漉虽辛苦,吹尽黄沙始到金。挫折期往往恰是机遇期。危机点往往正是生长点。若在受挫之日,心灰意懒,自谓"学有何用?",则无人能真助他。究竟学有何用,当时谁也无法回答。只是待要用之日,有用之时,学也晚了!

4. 大志者不止于所得。在取得一些胜利后,或者在条件变好的时候,也往往可以令人失去大志,纨绔子弟自不待言,"自古雄才多磨难,纨绔子弟少伟男"早就为人所知。就是有志之人,顺境下也容易失去远大目标,所谓

"芳草有情皆碍马,好云无处不遮楼。"

"谁在争取一切,谁在争取全胜,谁就不能不提防:不要让微小的成果束住手脚,不要误入歧途,不要忘记目的地还很远",这是大志者列宁的话。随着国家的发展,现在青年人面临的环境条件,会比老一辈学者优越得多。这在有利的同时,也是一大考验。随着治学者的努力,会得到一些结果,甚至得到赞扬、奖励、尊敬乃至吹捧。这也是一大考验。无大志,则贫贱挫折、安逸富贵,都能成为不进取的原因理由。有大志,则逆境、顺境都非我碍,甚而转为天助。"山外青山楼外楼,西湖歌舞几时休? 暖风熏得游人醉,直把杭州作汴州。"——局促屈辱偏安之地,也能陶醉止步。再看朱洪武皇帝初创期的豪情:

"马渡沙头苜蓿香,片云片雨过潇湘。

东风吹醒英雄梦,不是咸阳是洛阳。"

——即使只有金陵片地,征途中却时时梦在帝京,终成"驱除胡虏恢复中华"大业。治学上真正的大志,和其他目标的大志一样,也应是"富贵不能淫,贫贱不能移,威武不能屈"。

5. 大志者善于调节。事物都有两个方面,所谓"立志"有时也需要调节,并不是一条直道跑到底。志向是一个长远的、总的抱负、目标。但在何时、何具体方向上、何种规模上实现志向以及以何种方式

为志向奋斗,都要依客观情况而定。可以把人的志向比喻为植物的
"**向阳趋光性**",这是一种内心的趋向,一种主观的追求,如何实现,是
要审时度势,因势利导的,不可盲目。大志在胸,方式上有一定的灵
活性。

孙武子说:

"夫兵形象水。水之行避高而趋下,兵之形避实而击
虚。水因地而制流,兵因敌而制胜。"

这在治学上也可借鉴,在处理理想和现实的互动关系方面,在治学的
选题和主攻方向方面,都要因地因敌制胜。志不可夺,目标坚定,而
又要因应实际形势,这是活生生的辩证唯物主义。进而言之,也只有
真正志向高远者,才能不惜历尽曲折,准备着系统、综合、长期的应
对,最终赢得胜利。遇挫即折,脆而不坚,只能说明志浅目短而已。
我在初读到孙子如下表述时,十分震惊:

"故将有五危:必死,可杀也;必生,可虏也;忿速,可
侮也;廉洁,可辱也;爱民,可烦也。凡此五者,将之过也,
用兵之灾也。覆军杀将,必以五危,不可不察也。"

就是说凡事过犹不及,不可言"必"。报必死之心不可——会被杀。
过分爱"廉洁"之名也不可——会被辱。所以我们在立志奋斗治学之
路上,也不可言必。重要的是胸中常怀志向抱负这个"向阳趋光性",
那么终究"长风破浪会有时,直挂云帆济沧海"。

大志者如将赴万里征程,如将攀千仞险峰,心在高远。他不会急
功近利,好大喜功,争一时之强,或自呈虚高。那只是些个才瞥德伪,
胸狭气短者所为,往往是自设阻碍,走向反面,终难成大气候。老子
说:"夫唯不争,故天下莫能与之争","大方无隅;大器晚成;大音希
声;大象无形。"何谓不争?就是作好自己的大事,打好自己大事的
基础,不必去凑热闹。孙武说:"昔之善战者,先为不可胜,以待敌之
可胜"——就是先将自己变得"不可战胜",然后待机。又说"胜兵先
胜而后求战,败兵先战而后求胜"。这都是说要先炼好"内功",不必
急于求战。厚积而薄发。最终的大成功是"若决积水于千仞之溪
者",形之必然也。

二、自信是成功的钥匙

自信是一种自我肯定,即高度坚信而且不断证明自己是有能力的。

1. 自信是成功者的特点之一。美国加利福尼亚大学医学院查尔斯·加菲尔德教授分析了1500多名卓有成就者,总结出他们的共同点有6点:①过安排得当的生活,②热爱自己的职业,③做艰难事前先在脑中思考,④讲求实效而不必顾虑十全十美,⑤甘愿承担风险,⑥不低估自己的潜在能力。

这里我们看到,第5、6两条都是自信问题,足以见自信的重要性。美国作家爱默生说过:"自信是成功的第一秘诀"。许多卓有成就者,都非常自信,以至于被一些人目为"自大"。在我国,由于长期封建社会的影响,人们往往容易低估自己的潜力,不愿担风险,失去了一次又一次的机会。不可能想象,一个具有强大内在力的人,会是一个不自信的人。

2. 自信是创造力的表现。治学是一种主观对于客观的积极认识运动,自信是在这一斗争中的巨大的精神力量。科学研究有时会遇到巨大的障碍,无法估量的挫折,几乎毫无希望的一片黑暗,在这样的时候没有高度的自信,定然难以坚持。要攀登前人未征服的高峰,解决前人未能解决的问题,没有一点气概是难以想象的。高度的自信产生高度的创造力。关于创造性思维的现代理论认为,一个人的创造力可用如下的公式衡量:

$$创造力＝基础知识×发散思维能力。$$

"自信"是对发散思维的最大解放和激励。这里发散思维是指对事物从最广泛的角度考虑各种可能,它的目的在于谋求"数量",与之相对的是"收敛思维",这是进行比较、选择的思维。目前国外的管理科学中有很成功的"智力激励法",管理者邀集一组人对某一问题征求意见,会上严禁批评,发言完全自由,意在谋求意见的数量。这种会议往往能收得奇效,征求到大量的创造性意见。这实质上是一种集体的发散思维机会。由此可以得到启发:"批评"——这个向来很强调的武器,在这儿却是最忌讳的,它简直是悬在"创造性思维"头上方的达摩克勒斯(Damocles)之剑。那么个人的发散思维呢? 当然就最忌讳"自我批评",说得准确些就是忌讳拘谨、自卑、无自信心,忌讳"还没有诞生就已被扼杀"。因此"自信"是发散思维的奶母,是创造力翱翔的翅膀。

为什么创造力依赖于发散思维呢? 事实上辩证唯物主义从原则上早就回答了这个问题,它要求人们要从最广泛的相互联系中,从各个方面全面地看问题。

3. 有自信才能有大志。凌云大志,因何而起? 往往起于自信。"自信人生二百年,会当击水三千里"。爱因斯坦说过:"有一种人从事科学是因为这里给他提供了施展才能的机会,他喜欢科学,正如运动员喜欢运动一样。"自信不足,往往会有自卑心理,自怨自艾,甚至自暴自弃。马克思说过:"自暴自弃,这是一个永远腐蚀和啃啮着心灵的毒蛇,它吸吮着心灵的新鲜的血液,并在其中注入厌世和绝望的毒液。"

人生意义何在? 人到底追求什么? 说法观点纷纭。心理学家调查各个历史时期、各种思想流派、教派,总结综合出共同认同的看法是这样(马斯洛需求层次理论):人的需求是有层次的,呈现金字塔形,分五个(或七个)层次:最底层(也是最基本)的需求是温饱等生存需要,相关的就是财富——这是生存的需要。长期难以温饱生存的人们,容易信服"人为财死,鸟为食亡"的人生价值观。温饱生存解决之后,就会有更高的追求。这些追求由低到高依次是:安全需求(保命要紧);爱与归属等社会需求(所以要入教、入团体,友谊,爱情);得到尊重(所以要地位名誉)。

但这都还不是人生最高层次的需求。最高需求是"自我实现的需求",这个层次的人会竭尽所能完善自己,尽力使智慧、才能、创造力得到发挥,成就理想、抱负、事业,获得成就感。这个境界的人会产生出一种"高峰体验",处于最崇高、最完美的状态,具有一种欣喜若狂、超凡脱俗的体验。

当然个人自身价值的实现,要通过社会才能可能。价值要体现在对人类社会有价值。歌德穷一生之力写下《浮士德》巨篇叙事诗，描写了哲人浮士德平生追求幸福，纵有魔鬼的帮助，极尽声色富贵都不满意，最后围海造福人群，看到自己的伟大成就，才得到真正的满足。所以，相信自己的智慧能力，树立崇高的理想大志，才能实现最高意义上的人生意义。

4. **自信与骄傲**。自信与骄傲不是同一概念。但是却常有人以"骄傲"的罪名去扼杀人们仅存的一点点"自信"的情况。仿佛大家都失去了自信，于是天下太平。所以对所谓的"骄傲"要分析。只要它不是在成绩面前故步自封，只要它不是看不起或伤害了其他人，就不要轻易给人家戴上骄傲的帽子。

> "九州生气恃风雷，万马齐喑究可哀。
>
> 我劝天公重抖擞，不拘一格降人才。"

如果大家都唯唯诺诺、猥猥琐琐，我们的社会何以能进步呢？那种崇尚谦卑、自视渺小的传统美德，是否真为美德，怕要重新考虑了。实质上它是封建社会愚民政策的遗风，是"多事之秋"人们借以自我保护的"作茧自缚"。对于向科学顶峰进军的志士，这是最有害不过的。

"道德规范"是一个历史范畴，它要随时代不同、历史变迁而变。但是"时间的更替不过是空间的并存的逻辑补充"。因此"道德规范"也随空间不同、环境变迁而变。不容讳言，由于矛盾的特殊性，自然科学工作与行政工作对人的特质要求是不同的。后者主要是与"人"打交道，处理的是人与人之间的关系，强调谦虚谨慎是重要的；前者主要与自然界打交道，处理的是人与物之间的关系，强调自信和创造性是重要的。当然自然科学工作者也要处理人与人之间的关系，也要求他们谦虚谨慎；行政工作者也要处理人与物之间的关系，也要有自信和创造性。但绝不能说二者是没有区别的。

5. **自信心的培养**。少年时的环境对一个人有没有自信心有很大的影响。有不少人在新环境下也容易对自己失去信心。我曾接触过一些大学生和研究生，他们自己竟承认比别人"笨"，对获得好的成绩缺乏信心。这样盲目自卑往往没多少根据，对自己要有正确的分析。现代科学证明即使像爱因斯坦那样的科学家，大脑也只被动用了极少一部分,绝大部分未被开发。所以某科学习暂时不佳的人其实是大脑要进一步"开发利用"罢了,另外,一些人的自卑可能源于对别人的盲目崇拜。向别人学习是好的,但推崇别人到"自卑"的程度就不好了,其实,哲学上有一条定律叫做"远山恒青律"。就是说,远处的山,看上去总是一片纯青无比,但其实,你若到彼山实地勘查,也是乱石满坡,荆棘丛生的,与脚下的山并无二致。人们对于不了解的东西常常理想化,如想象中的月宫,但真到月球一看,满目荒寂,处处尘土,方知自己脚下的地球才是最美丽的伊甸园。

对于自信心的培养,争取经常不断取得成果,争取成果得以发表和应用,是很重要的。小成绩是大成功的基石与动力,这种早期的成果会在心底激起自信和胜利感。有一种说法:科学家之所以取得成就,根源于其早期的成绩得到社会鼓励。这很有道理。这种"早期成绩"不一定是什么大成果,可以是做得很优美的习题,甚至可以是少年时期的一些"小聪明"。这也提出一个问题:对青少年的教育,要以表扬鼓励为主。那种旨在摧毁自尊心、自信心的教学法,纵然是教给了学生一些知识,实在只能算是"给了他一碗红豆汤,而夺去了他的长子权"。

但是治学者不能要求社会上每个人都能正确地鼓励他,甚至社会上还有所谓"马太效应"存在;越是需要扶持的学者,社会对其成绩越趋向于拒绝。国外学者是根据《马太福音》下面的一段话给这种社会现象起的名字:

> "凡已有者,还要给予,令其有余;
>
> 凡无有者,连其所有,也要剥取。"

(Whoever has will be given more, and he will have an abundance.

Whoever does not have, even what he has will be taken from him.)

(见马太13章12节)

青年治学者若面对这种情况,怨天尤人,那是弱者的表现;灰心丧气,那等于承认失败;唯有自强不息,不断"积累优势"。真金不怕火炼,珍珠不怕土埋。"马太效应"只能淘汰那些假金伪珠罢了。因此,

自信者在任何时候的口号都是:

> "战斗! ——这是口令,
>
> 胜利! ——这是回响。"

三、勤奋是成功的度量

勤奋是成功的度量,就是说,你付出多少劳动,你就会有多少成果。这可以看作是政治经济学中"价值"的定义,在学术问题上的引申。在政治经济学中,商品的价值是物化了的劳动,社会平均劳动量是商品价值的度量。在学术领域中,这几乎同样是对的。总体来说,高价值的成果,对应于高艰辛的劳动。华罗庚写道:

> "妙算还从拙中来,愚公智叟两分开。
>
> 积久方显寓公智,发白才知智叟呆。
>
> 埋头苦干是第一,熟练生出百巧来。
>
> 勤能补拙是良训,一分辛苦一分才。"

华罗庚这段话,饱含着他平生的体验感悟。由于关于勤奋的论述已经相当多,我们在此不宜多说,只重温马克思如下的话:

> "我只有事先声明,请渴求真理的读者们注意。在科学上面是没有平坦的大道可走的,只有那在崎岖小路的攀登上不畏劳苦的人,有希望到达光辉的顶点"。"在科学的入口处,正像在地狱的入口处一样,必须提出这样的要求:
>
> > '这里必须根绝一切犹豫,
> >
> > 这里任何怯懦都无济于事。'"

应当指出的是,能为自己的理想切实奋斗,对有志者是其乐无穷的。能够读自己喜爱的书,作自己喜欢的科学研究,对热爱科学者是甘之如饴的。所以我一直不同意如下的说法:"书山有路勤为径,学海无涯苦作舟"。其实对于有志爱书的学者,见书如得宝,读书如啜蜜。不会感觉为书如山积,学如苦海。也只有视学为乐,才能学好。有志者的奋斗之路,是心灵快乐的鹏程。庄子说过,鲲鹏"背若泰山,翼若垂天之云。抟扶摇羊角而上者九万里。绝云气,负青天。"我们看不到鲲鹏觉得苦。而斥鴳就不理解,以为他太辛苦了,没必要:

"我腾跃而上,不过数仞而下,翱翔蓬蒿之间,此亦飞之至也。而彼且奚适也?"这是小对大的不理解。

爱因斯坦是以学习和工作为乐的:"决不要把你们的学习看成是任务,而是一个令人羡慕的机会。为了你们自己的欢乐和今后工作所属社会的利益,去学习"。"在学校和生活中,工作的最重要的动力是工作中的乐趣,是工作获得结果时的乐趣以及对这个结果的社会价值的认识。"

"世界大同"实现的时候,人们将有极高的思想觉悟:"大道之行也,天下为公……。力恶其不出于身也。"其实,科学家们,就像他们早就提前实现了"知识经济"一样,也就提前达到了极高的思想觉悟:科学家们早就是"力恶其不出于身也"。陈景润在斗室之内没日没夜地演算。牛顿忘我地工作,吃饭睡觉都忘记了。——他们都是唯恐自己的力量使不出来。

四、动脚:掌握资料,获取信息

关于具体的治学方法,我体会最深的是四动:动眼、动脑、动手、动脚。其中最需要强调的是"动脚":

"迈动你的双脚,到图书馆去查阅资料!"

(当然,随着信息网络的发展,查阅资料已越来越方便。但技术的进步不能代替人力的进取,反而是对人力进取提出更高的要求。)不熟悉资料,研究工作是盲目的,没有基础的。人类认识真理的路线"实践—感性认识—理性认识",在具体实现时是一个错综复杂的历史过程。恩格斯说:

"思维的至上性是在一系列非常不至上地思维着的人们中实现的;拥有无条件的真理权的那种认识是在一系列相对谬误中实现的;二者都只有通过人类生活的无限延续才能实现。"

就是说,每一个人对于科学的贡献,不过是人类认识链条上的一环,它只能在人类认识的已有基础上发展起来。牛顿说过,如果说他比别人站得高些,看得远些,那是因为他站在巨人的肩上。其实每个科学家都是这样的。

现在有"知识爆炸""信息时代"的说法,传递信息的手段是各种各样的。但是理论科学工作者获取信息的主要渠道还是书、刊(包括其电子版形式)。面对所谓信息爆炸,学者更要加强自己对优秀信息的获取能力和辨识能力(和对垃圾信息的屏蔽和辨伪能力)的培养。每个真正的学者都有自己的专业,有关专业的最感兴趣的书刊就不是太多了,而且多是有系统和组织的。再辅以各种文献索引,这样只要经常学习,便可以掌握本学科的各种动态。

有的人不常去资料馆是因为"怯",这多半是由于没有选定专业方向的原因。没有一个明确的方向,面对一架又一架的外文资料,当然有茫然之感,由于现代科学的高度发展,"全才"已不太可能。有的人说现在世界上并无"数学家"或"物理学家",有的只是各个具体学科的专家。这反映了现在的一般情况。因此"选定专业方向"便是首要的、必需而且有效的对策,尤其是对年轻的学者是如此。"没有没有专业的真正学者"。这话大抵不错。

"选择方向—突破一点—扩大战果"。

这是一个好的治学途径。"如果你不是太阳,就不要企图普照大地;要像激光那样专注,即令钻石也要破壁"。

对查阅资料来说,重要的方面是要熟悉各主要学术期刊的情况,熟悉各种文摘评论的查阅方法。例如,数学学者要会利用 *Mathematical Reviews*(数学评论),现刊和各种合订本。要熟悉它们,有时深入查看,经常浏览。

经常查阅资料,不光对获取信息动态是重要的,对于提高学者的基础水平也同样是重要的。学者的学业达到一定程度后,往往很少能靠读书本身来提高纵向水平,因为最新的科学成果往往难以及时成书。这时,一期期定时上架的学术期刊,无疑是学者的"国际函授大学"。通过这一函授,学者不断复习加深着最重要的(在科研中应用频率高的)基础知识,学习着最新发展的专题分支,研究着著名科学家解决著名问题的实例,寻求着自己用武的领域,构思着自己的蓝图。学者在这所国际函授大学中不断跟上时代的脚步,做出对时代的贡献。

最后,图书馆也提供了一个诱人的学习的极妙环境,是理科治学者陶冶心灵的最佳场所。古者孟母三迁,亚圣乃出。科学大家,必在书侧。如果久违图书馆,与书行渐远。必然失散了心志。那也就离庸人不远了。

五、动手:直攻法与高难法

动手,指学者在有一定的知识基础后,要及时动手做研究工作,也指平时要勤动手写札记、眉批、摘记等。

不少传统的教育都强调基础要深厚,不宜早动手选题做研究工作。但究竟怎样才算深了厚了,何时方许开题,是不易掌握的。一般来说,中老年的"深厚"学识是长期积累起来的,青年人短期内不容易一下子全面达到。若一味嫌青年人不深不厚,不让其接触科研课题,往往会使青年人错过黄金时代,等闲白了少年头。另一方面,一味读书也不一定是真正好的学习法。树要参天,但参天大树,不是一日长成,一边生根伸枝丰叶,一边开花结果奉献,终成大树。

包括华罗庚在内的许多卓有成就的学者,都以自身的经历证明"直攻法"(或称直接法)是行之有效的治学方法。这一方法与"高难度学习法"密切相关。胸怀大志、智力较高,而又愿意刻苦勤奋的青年在有一定基础后最适合采用"直攻法"和"高难法"。这种方法要求学者目标任务明确,这种目标一般是高难的,例如要求很快作出学术论文,很快写出一本专著,很快掌握一门外语,等等。学者为达到这一高难的目标,动员起全部的智力、精力,"直接"向目标进攻,正所谓"善攻者,动于九天之上"。各种办法想尽,逢山开路,遇水架桥:缺少的个别基础知识,短时间集中学会;缺少的个别环节,短时间集中攻下;学者往往只直接研读书海之中的一本、一章、一节,而不是抱一巨著从头慢慢细嚼。在这样坚韧不拔的强力直接进攻下,一段时间后目标可以达到。学者也因而加固扩展了自己的基础,训练了方法,获得了成果。然后再转战于更高的目标,不断开拓、攀登、前进。这样形成的知识结构,是有机结构,是在实践中自己发展起来的结构,它概念清晰、联系明确、轻重分明,"逻辑的和历史的是一致的"。这样工作的效率也是昏昏然无目的读死书所不能相比的。

华罗庚还提倡"漫"的治学方法,与"直攻法"相结合。在一个领域作出了研究成果,对此领域理论熟悉掌握(例如用直攻法攻下此领域)之后,要向该领域四周"漫延"(或称"渗透"),逐步的、一浪接一浪的拓展自己的研究领域。或步步为营、浪浪相推,或牵延联想、跟踪追击。这样就不断拓展自己的知识基础,学习新理论、发现和解决新问题,乃至于发现解决重要、重大的问题。这种漫,是有根据地的拓展,往往容易奏效。当然,在一定情形下,也允许"跳",就是跳到自己不熟悉的领域,用直攻法再下一城。这种跳,往往是由于存在意义更重大的而又有可行性的新的研究课题或领域。

如何选题是一个重要的问题。不但要考虑到研究要有意义,而且要考虑到与自己学识的关系,考虑"可行性"。很多人选不出题目来,或选题不合适,导致科研无成果,或者辛辛苦苦得到结果但无意义,或是已发表的结果。如何得到合适的选题呢?最重要的是要看文献,从文献中来。这样才能站在国际科研前沿,才能清楚学科发展动态,才能恰当选题。一个很不好的选题办法是从书本中选,或甚至从基础教材中选,往往脱离研究前沿。关于选题,可注意的有以下几点:

1. 平时多动手,写一些心得、札记、眉批等。这是孕育创造性的温床,科研想法的萌芽。看书刊时,要多动脑筋,看是否有所启发。偶有所得,一定要及时记录下来,跟踪追击,放任大脑去"幻想",说不定由此能捕捉到不小的课题。苏轼说:

"作诗火急追亡捕,情景一失后难摹",

对于理论研究尤其如此。平时要多动手,不可使线索从眼前闪过逝去。与此有关的,理论研究者不可总是自己陷于事务的忙乱之中,要争取间或有"清静无为"之时,以发挥自己的想象。"无为"与"有为"是对立统一的,往往有"无事可做"时发现大研究课题的情形。

"积土成山,风雨兴焉;

积水成渊,蛟龙生焉"。

这说的是积累,量变到质变的辩证法。积攒到一定的量,"自然地"就起质的变化,就会兴起风雨、生出蛟龙。这是量变、积累的重大作用。俗话有"捡到篮子里的都是菜"的说法,常被用来嘲笑那些粗制滥造者。从勤动手积累的角度讲,我们倒要倡导它,可以加上一句:"捡到篮子里别忙着卖"。往篮子里多多捡吧,多多益善!——回家后再仔细挑选加工就是了,可吃可卖,也可喂猪、沤肥。原材料、素材的收集,原始想法的捕捉,不要局限。有时候搞数学的要接触物理、力学,搞理科的可听听生物的讲座。

2. 勤动手脚接触资料。看多了,自然就会发现:有可推广者,有需完善者,有需改正者,有另具启发者,这些都是好的研究课题。

3. 迁延扩展法。也就是华罗庚提倡的"漫"。一旦作出一些成果后,不要轻易关门大吉、弃之不顾。而应想尽办法向深层、向四方扩展迁延。在迁延时要尽量"发散思维",甚至于蛛丝马迹、似曾相识、可有可无、无中生有、一厢情愿、望风捕影、异想天开、张冠李戴、李代桃僵、以假乱真、触景生情,也不要放过。这是因为,创造就是由无到有,而这个"有"的萌芽其实先已存在于原来的"无"中,有待你的发掘改造催生罢了.迁延法的好处,首先在于易发挥自己的优势。你已经在这块基地上做出了许多工作,相关知识掌握较好,继续工作下去很有利。如果另换他题,一切都是新的,你与一个新手无异,其次,选一个合适的课题不容易,轻易弃之可惜。这有如找矿一样,你走马一望:青山绿水,阴阳和谐,很难说哪儿有矿。如果你正在采掘一个矿坑,继续向纵深开掘,向四周探索,实为上策:主矿脉很可能就在你脚下。那种朝秦暮楚,看哪儿热闹哪儿去的做法,往往难得到深刻的结果,难采得人所采不到的大金块。

当然了,事物都是辩证的。在一定的情况下转移阵地,另有开拓也是必须的。学者要保持好奇和"喜新"的心态。

六、动脑:创造性思维的特点

在确定选题后,一般要先有一段廓清外围之战,而后才能真正接近目标。这种廓清外围包括熟悉相关理论,掌握有关资料,理清有关的基本事实,有时还包括攻下几个次要目标。这都是"直接法"所需完成的任务。这以后,就进入攻坚。攻坚是一个关键阶段,创造、发明、成果的有无与大小就看这一阶段。这是一个飞跃阶段,是认识过程的一个大飞跃;这是一个"否定"阶段,新思想要在"扬弃"旧思想中诞生。

根据庞加莱、阿达玛等科学家的论述,以及现代发明心理学的研究,也根据我在工作中的体会,这一飞跃有如下的各个分期和方法。

在扫清外围进入到问题的关键之时,由于几经反复,大脑对问题的各个方面、各个数据已相当清楚。往往非常复杂的数学公式也能在脑中清晰映出,对很深刻的定理已有直觉的把握。这时和象棋中的"盲棋"很类似,整个棋局全在脑中。在这时,积极开动大脑机器,全神贯注工作几个小时,便可掀起所谓"脑风暴"。这在心理学上称为"烘热期",脑海中迅猛涌现出种种现象、联想、猜测、假设,这种脑风暴有如龙卷风一般,围绕中心课题急剧旋转,脑中原有的各种概念也被风暴掀起、飞舞,形成各种可能的暂时联系、组合,即各种新思想。脑风暴初始,往往只有不太深刻的思想产生。让脑风暴持续下去,一二小时后很可能会忽然跳出一些罕见的新奇思想,其中一些对解决问题可能非常有帮助。也往往有这种情况:脑风暴持续了数小时,并无太大收获,于是趋于平静。但就在这风暴平息后的无意识活动阶段,脑中往往会忽然有新的想法,即所谓"顿悟",于是打开了解决问题的大门。这种"顿悟"只是一种设想或猜测,接下来还要动手实现这些设想、验证猜测,这也是一段有意识的甚至是艰巨的工作。这一工作形式上看是脑风暴前工作的(在新水平上的)继续,脑风暴表现为这一渐进过程的中断。

我自己所发表的所有论文,事实上都得之于"枕上",每一篇都经历了上述过程,有的一篇论文要经几次"脑风暴"和"顿悟"才能完成。脑风暴和顿悟一般发生在晚上躺下后。由于整个晚上的紧张工作,躺下后脑中常常翻江倒海、如癫如狂,不能自己。每每深夜似醒非醒之时忽有所悟。要解决前人未能解决的问题,到人所未到之境,得人所未得之思,不动员起思维的全部潜力,经过几个飞跃或顿悟是不行的。常规的逻辑推导所得结果，必是未能惊人之物：

"笔底功夫犹恐浅，

枕上追索梦里寻。"

创造性思维往往很好地体现着以下各种矛盾的转化（尤其是数学上的发现每每如此）：

1. 严格和不严格。"严格"似乎是科学尤其是数学的生命。但在创造性思维中，新思想的诞生往往是极不严格的。往往是先"猜出"定理，严格的证明是以后补出的。所以学者不但要善于严格，也要善于不严格。

2. 逻辑和直觉。既然新思想不是由逻辑严格推导出的，那它是怎样得出的呢？"直觉"往往起很大作用。在一定程度上，这种直觉能力反映一个人的创造能力，它和一个人的知识虽然有关，但并不成正比，有的人知识很丰富但直觉能力差。数学家阿达玛认为直觉的本质是某种"美的意识""美德"。科学家的理想、幻想或希望，其实是这种直觉的表现。当然"美的意识"和基础科学修养关系密切。我自己切身体会，空间想象能力、数学修养和这种直觉和意识很有关系。

近来关于大脑两半球的实验成果对此很有启发。实验表明人的左脑善于进行逻辑思维、熟练性思维，解决老问题有条有理；右半脑善于进行形象思维、创造性思维，平时右半脑受到左半脑的压制，当二者有不同意见时，整个脑子表现出来的是左半脑的意志。由这一成果对照上述脑风暴的过程，可以发现，脑风暴后期的"非逻辑"思维恰恰就是把右半脑从左半脑的抑制中解放出来。这也证明了"形象美感""空间想象力"基础训练等直觉作用对创造力有决定性的作用。像数学这样高度逻辑化的学科，却也不得不借助于它的对立物——非逻辑的直觉和经验修养。

3. 发散思维和收敛思维。大学教学，尤其是数学教学，一般都着重训练收敛思维。但脑风暴时，发散思维却是主要的思维方式。

4. 个别与整体。如果说你战胜不了敌人的一个团，却能轻易把他们的一个军消灭，一定令人难以置信。但在科研攻坚中确实有这种情形：往往一个特殊的问题解决不了，但把问题"一般化"，反而容易解决了。我有几次确实碰到了这种情况,正是问题的一般化、扩大化救我出维谷。在这里,一般与个别的关系似乎颠倒过来了。这可能是由于问题的一般化更便于发现问题的本质,或更便于运用一般化的工具,而太执着于具体问题反而会"一叶障目"。所以在数学研究中,挖掘个别对象的内涵深意,利用其特殊性固然重要;但扩大对象的外延,找出共性,更能凸显本质。

5. 归纳与演绎。一般公认数学的方法主要是演绎法,数学书上的定理一般都是由演绎法证明的。不完全归纳法(即哲学上的归纳法,加上"不完全"以区别于"数学归纳法"。后者是一种具体的证明方法,主要还是用的演绎推理)太不严格,似乎粗俗难登大雅之堂。事实上,数学上的许多重要结果都是由不完全归纳法发现的。著名数学家欧拉说过:"数学这门科学,需要观察,还需要实验。""数学王子"高斯也提到过,他的许多定理都是靠(不完全)归纳法发现的,证明只是补行的手续。但是数学家在写论文时,总是把定理写成是由演绎的上帝赐给的纯理性之物,绝没有诞生于归纳的凡俗之气。这正像马克思所嘲笑的,黑格尔把物质世界都放逐到注释中去了;也正像鲁迅所揭露的,雅士总是把算盘藏在抽屉里——虽然物质世界和算盘才真正对于他们是至关重要的。

6. 标新立异,出奇制胜。发展就是否定。所以一定要勇于标新立异、别出心裁,勇于向现有的权威挑战,才能真正有所创造。"不依古法但横行,自有风雷绕膝生"。要勇于另辟蹊径,要善于从新的角度、新观点考虑问题,也就是要出奇。孙子言,"凡战者,以正合,以奇胜。故善出奇者,无穷如天地,不竭如江河""奇正之变不可胜穷也",表现得很神,其实质不外是"对立统一规律":要从正反两个方面考察问题;要小中见大、大中见小、旧以新视、新以旧衡;要繁中求简、简中求繁;要无中生有、有中化无。关于这种发展的辩证法,黑格尔有一段话最尖锐明确,读来很能启发人:

> "凡有限之物不仅是受外面的限制,而乃为它自己的本
> 性所扬弃,由于自身的活动自己过渡到自己的反面。所以
> 当我们譬如说人要死的,似乎以为人之所以要死是由于外

在的环境,照这种看法,人具有两种特性:有生亦有死。但这事的真正看法应该是说,生命本身即具有死亡的种子。凡有限之物即是自相矛盾的,由于自相矛盾而自己扬弃自己。"

由此可知,比如说,为什么一定要"小中见大"。其实"小"本身即具有"大"的种子,而由于这种"自相矛盾的本质","小"扬弃自己过渡到自己的反面"大"。

七、动眼:一本书主义与渗透学习法

动眼阅读学习,这是理科治学的根本。青年时需要,出成果后仍然是需要的。知识结构要不断完善,新理论要不断学习,才能不断前进。

孔老夫子说"学而不思则罔,思而不学则殆",又说"吾尝终日不食,终夜不寝,以思;无益,不如学也"——这准确地道出了"学"和"思"的辩证关系。读书学习,这是治学的基础。当然在"学"的过程中要"思",这涉及学习的方法,学习时要积极主动思考、反思、举一反三。理科学习时自己要重写改述、重理思路、多多举例、动手计算、反向思考、提出问题、给新证明、发挥体会、推广应用,得到新结果。在"学"之后,还要"思",给出整体把握,思考解决新的问题,作出自己的研究。学与思(以及作研究工作)反复交替,互相促进。

历来强调读书要循序渐进,按部就班。其实,走马观花,不求甚解,有时也同样重要。学习无非是从无知转变为有知,这从"无"到"有"的转变方式,可以是多种多样的:蚕吃桑叶,一点一点地啃,按部就班,是一种方法;霜染枫叶,逐渐地绿—黄—橙—红变化,也是一法;墨滋宣纸,从诸墨点辐射出去,逐渐浸润,又是一法。我们在读书中都可运用。这反映了从量变到质变的各种不同转变方式。总的来说,有两点值得强调:

1. 一本书主义。治学之路盘曲而上,由一段一段阶梯构成。在每段阶梯,要读"烂"一本书(精读、熟读),即所谓一本书主义。而不宜拿许多属于同一阶梯水平的书,反复对看。在每一段治学阶梯上,选择一本较合适的书(内容翔实而又不烦琐,为学界所公认者),精读细研,日读夜思,直到切实理解掌握。待到对一个环节的基本理论真正掌握后,再翻看其他同类的书,就会发现这些书多是大同小异,讲法、符号不同而已。当然也有部分章节内容是新的,逐渐补上就很容易了。掌握一个环节后,要及时转入更高的环节,不要在原有环节上徘徊。攀登之路尚远,前面更美的境界在等待。

2. 渗透学习法。读书可以似懂非懂地读,听起来与传统的教育颇不合,但这正是李政道教授所提倡的"渗透学习法"。博览群书,开始可能并不太懂,但就在这似懂非懂之中已经学到不少知识,天长日久,就会越学越深广。有的材料对于自己的学科不十分必要,那么有个印象也就可以了。在适当的时候,这模糊的印象可能因事对我们有所启发。如果到时需要细知,可以想起到何处去查找。有的材料与自己关系较大,经过反复学习就会由似懂非懂逐渐变得真懂。就像秋天的枫叶由黄逐渐变红一样。许多学者的知识都是这样逐渐加深的,只不过没有注意罢了。这也和打仗一样,先建立根据地,然后向八方渗透、扩大影响,形成"半解放区",有的方向或者据点可能先发展起来,逐渐的扩大解放区,争取一统天下。

即使对于应当精读的书,也不一定非要一页一页从前往后读不可,也可以先前后翻翻,看看有几章,中心内容是什么,也可以挑自己最有兴趣的部分先看,也可以把一时难懂的细节留作后看。这个道理和打仗是一样的。解放战争在打了辽沈战役后,是先打淮海战役后打平津战役,并不是按地理顺序相反地打。太原是留在后打的。而全国并未完全解放时,北京已宣布成立新中国了。甚至到现在台湾也还没有解放,但我们还是要做现代化的大文章。当然在适当的时候,像台湾这种问题还是要解决的,解决的方式可以是异样的。读书也有类似的道理。

华罗庚曾有著名的读书公式:

薄—厚—薄,

即开始读一遍,只见其大概,懂得一些,这时书对于读者是薄的;接着详细研读,加眉批、注记,加纸条、笔记,加心得、体会甚至推广,着眼于细节,这时书就变厚了。一般人容易满足于此。其实应当再继续努力,经过反复,结合应用,逐渐达到融会贯通,切实掌握,书中的理论变得自然了然,书就变薄了。但这时的"薄"与开始时的"薄"已经很不一样了,是在更高水平上的"仿佛向旧事物的回复"。这真是否定之否定规律的鲜活范例,也是综合—分析—综合过程的极妙注释。

国外还曾推崇 SQ3R 读书法,即读书学习分五个环节:概观(Survey)—提问(Question)—细读(Read)—探索(Research)—复习(Review)。其中"探索"环节有的说是"复述"(Recite),这个要求低了一些,可能适合较普通的层次。"探索"环节更适合创新型教育,适合有志科学的学者。

还有人主张读书可以顺读、反读、专题读,说顺以致远,反以求源,专以攻坚,三种读法不可或缺。总之这都反映了由"无知"到"有知"的转变方式,可以是多样的,要因时因地因人而异。不一定非要传统课堂强调的"蚕食桑叶"式不可。可以如"晓来谁染霜林醉",漫山枫林由绿变黄、由橙变红;或者彼树仍绿此树红,万树错落渐次红。也可以如国画名家宣纸泼墨,浓淡浸染皆宜,"密处不使透风,疏处可以走马"。

电子版后记

我国古哲有言:

"水之积也不厚,则其负大舟也无力。

风之积也不厚,则其负大翼也无力。"

"适千里者三月聚粮"。

深厚的数学基础,对于科学的远行人,是载送航船的海水,是举托鹏翼的扶摇。

"自强不息,厚德载物",正是清华大学的校训和传统。校训源自《易经》中"乾"和"坤"的象传:"天行健,君子以自强不息","地势坤,君子以厚德载物"。它承传了古贤对宇宙万物的观历感悟,法乎天地,合于乾坤,成就了多少有志"君子"。引发"君子以自强不息"的

"乾"的主文共六句话如下。

> 初九：潜龙勿用。九二：见龙在田。
>
> 九三：君子终日乾乾，夕惕若，厉无咎。
>
> 九四：或跃在渊，无咎。九五：飞龙在天。
>
> 上九：亢龙有悔。

这可解释为对一事物(以"龙"指称)的发生—发展—兴盛—衰落过程的深刻辩证揭示，"君子"的人生尤其如此：初潜勿用，次现宜行。中当自强，虽危无咎。进机或跃，勿须忧惧。德合天地，与时腾飞。高极必反，悔之未晚。我初中母校正好在青龙山山坡上，涧绕山环。50年校庆前应校长之令，写下《青龙颂》一诗。借题发挥，在此送给自强不息的青年"君子"：

> 青龙潜卧隐壑山，夕惕若厉日乾乾。
>
> 或跃在渊咎何有，数及九五飞在天。

附注。近收到来自美国的 Email，原来是清华大学 1993 级应姓学生，留学美国，多年没联系了。刚得到美国一大学的 tenure-track 专业工作。当年他在清华大学读书时因成绩好，期中考试后曾获我奖励一本《治学法与辩证法七题》(打印件)。他的 Email 的片断有：

> "又一次拜读了您的《治学法与辩证法七题》(上一次拜读是三年前)。不由得感慨万千。想当年(1993 年)同学们都在争相传阅，拷贝我从您手中拿到的影印本。我还做了两个备份：一个放在书架上，一个放在抽屉里不让见光以做珍藏。此情此景，记忆犹新，历历在目。……我深信张老师的'治学与辩证法'不已。我会继续走下去。愿有他日得报佳音于张老师门前。"

(2003 电子版，2020 稍有修改，清华园)

4.2 少年心事当拿云

> 我有迷魂招不得，
> 雄鸡一声天下白。
> 少年心事当拿云，
> 谁念幽寒坐呜呃。

同学们可能想不到吧，这几句诗曾经深深打动过我年轻时的心。一读遇知音，强忍泪欲流。是，我有迷魂。任何的招魂曲都招不回它，流金铄石、蝮蛇蓁蓁、雄虺九首、虎豹九关，吓不回它。瑶浆蜜勺、笺瑟狂会，诱不回它。只能待天下白的时候它才会回来吧。少年心事，拂云揽月，谁念幽寒坐呜呃……让我不禁想起此事的，是约我写此稿的清华大学学生的一句话。

约我为同学们自己的刊物写点儿什么，我理应答应。但一想，现在的年轻人几乎无所不知、无所不晓，基督教义、马列哲学、金庸小说、泥巴游戏、满脑子信息。似乎什么都能做、什么都想做。对他们"说教"太难，也不相宜。找我的同学猜我为难，提醒说：我们很羡慕你们年轻时的那份"激情"。阿，激情？那倒真是有过，因此想起了篇首的诗境。

这位同学的话有道理。我们现在不是时常听到"郁闷""faint"吗。什么都知道，又好像什么都不真信。可做的很多，又决定不了作什么。选择很多，就缺少执着。精彩的太多，又能激情于什么？想想杨振宁在连天烽火、遍地离乱中是怎样从西南联大走向诺贝尔领奖台。华罗庚从江南杂货铺的油灯下是如何用"圆规和直尺"步步量到清华大学又攀上数学的丹峰？（附注：华先生自幼腿不好。）他们的选择、他们的执着、他们的追求、他们的成果，留给今天的我们什么思索？

我想，这也许正是现在的青年，尤其是现在的清华学子应警觉的问题吧。"萧鼓鸣兮发棹歌,欢乐极兮哀愁多"。条件如此好,如之奈何? 何以把握? 因此,如何能在爆炸的信息、纷乱的理论、诸多的选择、种种的诱惑的包围中,不失掉自我,找准自己的星座,坚定自己的执着,屏蔽眼前的浮躁引诱准备长期的追求,实现最绚丽的理想、心中的梦,不枉生在这样一个好时代,不负"天生我才",不虚对先祖之国、先民之族、双亲、母校和未来的同学才是最应考虑的。

一要选择。群星灿烂,你只能是其中的一颗。四方八翳,火箭的飞行只能取其中的一个方向。"教之道,贵以专"。追求伟大目标的人,要多作准备、献身一切,一生尚嫌不够用。哪还能再分心分身? 君不见,诺贝尔物理奖得主崔琦是个电脑盲。大数学家怀尔斯(A. Wiles)为解决费马大定理专攻 8 年。诶,不对吧,好像有人说 21 世纪要全面发展素质教育,说只有优质、全才、社交、管理、舞蹈、商业、古文、历史、周易、八卦、明清、理学样样皆通才具有 21 世纪的通行证。是啊,所以什么是辩证法啊。所以为什么说要"选择""分析"啊。所以为什么要在诸多的……诱惑包围中不失掉自我啊。所以我才在这发表我的意见啊。(否则我抄一篇就可以了。)

二要选高。就算要选择吧,那我往哪儿选择呢。往高处选,往最高处选。选择实现你心中最圣洁的理想,实现你最心满意足的梦。为什么? 那要实现不了呢。——一定能实现。现在的条件比华罗庚、陈省身、杨振宁如何? 历史的经验证明:凡是人生成功小的,根本的原因,都不是外部条件的限制,都是起初目标太低。马克思说"光是思想力求体现为现实是不够的,现实本身也应该力求趋向思想"。我也提醒大家注意下面这段古人的名言:

"Ask and it will be given to you; seek and you will find;
knock and the door will be opened to you.

For everyone who asks receives. He who seeks finds.
And to him who knocks,the door will be opened."

(要求,它就将被给予你;寻求,你就会发现;
敲门,门就将为你而开。对于任何人,要求者
获得。寻求者发现。敲门者门为之开。)

　　庄子对"大""小"之分界的精妙之论,直指本质:"朝菌不知晦朔(昼夜),惠蛄不知春秋。""北冥有鱼,其名为鲲,鲲之大不知其几千里也。化而为鸟,其名为鹏"。"鹏若泰山,翼若垂天之云。抟扶摇羊角而上者九万里。绝云气,负青天。然后图且适南冥也。斥鴳笑之曰:'彼且奚适也?我腾跃而上不过数仞,而下翱翔蓬蒿之间,此亦飞之至也。彼且奚适也?'"—这就是斥鴳小志和鲲鹏大志的区别,斥鴳对鲲鹏的不理解,朝菌对昼夜的不理解,惠蛄对春秋的不理解。

　　三要执着。要准备长期奋斗。要在千折百回之后才能达到真正实在有价值的成功。"巨匠在限制中才能显示自己。而规律,只能给人以自由"。急功近利,乃短命商家所为。厚积而薄发,作学问如此,做人也如此。"宝剑锋从磨砺出,梅花香自苦寒来"。怀尔斯经历 8 年钻研,才证明费马大定理。华罗庚诗云"积久方显寓公智,发百才知智叟呆。埋头苦干是第一,熟练生出百巧来。勤能补拙是良训,一分辛苦一分才。"诸葛亮诫子篇:"夫君子之行,静以修身,俭以养德。非淡泊无以明志,非宁静无以致远。夫学须静也,才须学也,非学无以广才,非志无以成学,淫漫则不能励精,险躁则不能治性。"

　　"且夫水之积也不厚,则其负大舟也无力. 覆杯水于坳堂之上,则芥为之舟。置杯焉则胶,水浅而舟大也。风之积也不厚,则其负大翼也无力"。你看,"水平"太浅,只能载得草芥之舟,连茶杯之舟都搁浅。哪能担当大任。人生长旅,如何准备?庄子有一比:

　　　　"适莽苍者,三餐而反,腹犹果然;

　　　　适百里者,宿舂粮;适千里者,三月聚粮。"

出行路短的,三顿干粮还用不完。出行百里的,头天晚上要舂粮备装。而志在千里的人,在古代要用三个月的长时间集聚粮食。我们志向远大的清华学子,要用什么样的心态和精力来准备自己呢。在这里,也体现了人生或治学的"不比原则":你只需按自己的根据、计划发展,无需与他人它事简单攀比。适千里者怎好与适莽苍者比装备呢。

　　　　"岂不郁陶而思君兮,君之门以九重。

　　　　猛犬狺狺而迎吠兮,关梁闭而不通"。

曾经有多少人，几代人，与自己心中的理想圣境，阻隔九重、猛犬猁猁、关梁闭塞、无缘通达，日夜郁陶，痛心疾首。今日学子，天之骄子，大路朝天，千载才子难逢之机，还犹豫什么?!

我校王国维《人间词话》有言：古今之成大事业、大学问者，必经过三种之境界："昨夜西风凋碧树。独上高楼，望尽天涯路。"此第一境也。"衣带渐宽终不悔，为伊消得人憔悴。"此第二境也。"众里寻他千百度，蓦然回首，那人却在，灯火阑珊处。"此第三境也。以上所言之一和二，大约相当于此第一境界，我所言之三，相当于此第二境界。愿同学们将来都达到你们的第三境界，实现心中最辉煌美好的梦！

（2001 年 4 月 18 日于清华园）

4.3 愿创新伴你远航

——致贺理学院学生刊物《探索者》创刊

理学院的同学们有了自己的刊物,
有了一片自己的园圃。
愿同学们在这片园地上
勤奋播撒下金色希望的种子,和着祝福,
浇灌热爱科学缪斯的情愫,连同心露,
让她开满理想的花朵,
从此收获心情的富足。
天正春,地正春,人正青春!
春华秋实,华艳实丰硕!
春种一粒籽,秋获万钟粟。
青春,正是梦想的年华,
大志凌云的年华,
积累自己的年华,
磨练自己的年华。
千里之行,始于足下。
鹏程万里,怒化垂天之翼。
青春时代的些些积累,点点创造,小小得意,
往往影响着终身的成就大器。
学生时代的小园圃,小中自有大天地。
理想在此萌芽,
云翼在此孕育。
祝贺你扬起了翅膀,
祝贺你荡起了船桨!
愿大志送你高飞,
愿创新伴你远航!

——张贤科 致贺 1999 春

4.4 大鹏展翅向九天

——与南方科技大学同学谈人生与学习

青年人，最关切的是人生前途，学习和理想。各家说法自然不一，但对于素质基础好的一群青年，还是有共性可言的，这是我在中国科学技术大学、清华大学、南方科技大学长期教学以及从所历悟中得出的。

前段时间，大家在谈论学校的校训、校歌、学风、格言一类话题，有不少同学询问我的意见。现在学生自办刊物《原样》向我索稿，正好借此简略一议。

一、独立自主，独立思考

人生开始，人在征途，首要的是"独立自主"。要确立"自我独立"的意识。要自立，不能随波逐流、恍恍惚惚。不能人云亦云、人行亦行。不能依赖、依附别人，有荫庇攀附之想。道理经脉要自己独立思考判断，凡事要自力亲为，偷不得便宜、马虎侥幸。不然的话，大则终生一事难成，小则步步出现错误、混乱。

一件物体的存在是以其"区别于它物"为前提的。一个生物的存在是以其能"自己生长"为前提的。正方形因其四边相等而区别于一般矩形，由此世界上才有正方形。人类因其能自己思想创造而区别于一般动物，由此才有立于天地之间有思想行动的"人"。这应当就是人生要自立的哲学依据吧。故确立独立自主的思想、行动、人格，然后，这段人生才有"主语"，这段人生的征程才有谋划者、决策者、实施者、捍卫者，艰难时才有鼓舞支撑者，胜利时才有庆祝欢乐者！没有"主语"的人生，没有策划者、实施者，甚至欢乐的时候也无庆贺者——无人喝彩。

《易》曰："君子以独立不惧，遁世无闷。"超然独立，不群于俗。自己掌握自己的命运。在自己的理想王国努力耕作。古往今来，成大事者，都是自立自强之人。因此才能为他人不能为之事，到人所未到之境，成他人未成之功。

古今中外成大事者，无不推崇独立自主精神。爱因斯坦指出："独立思考、独立判断这个总能力的发展,应当永远放在首位,而不是特定知识的获得"(The development of general ability for independent thinking and judgment should always be placed foremost, not the acquisition of special knowledge)。

陈寅恪撰碑文曰:"独立之精神,自由之思想,历千万祀,与天壤而同久,共三光而永光"。毛泽东在抗日战争中坚持独立自主,才有后来的全国解放胜利。

二、志存高远,自强不息

自立而何为呢?是怀鲲鹏万里之志呢,还是效燕雀跳跃于蓬蒿之间呢?古今中外成功或失败者的经验教训都在诉说:要志存高远,自强不息。

《易》中乾和坤曰:"天行健,君子以自强不息。地势坤,君子以厚德载物"。就是说,宇宙运行永不停息,君子效法自然,也要自我奋发图强,永不息止;大地形势厚重,君子效法,也应增厚美德,宽容担当。

一个人终生成就大小的原因,看似扑朔迷离,实则主要在其"志存高远,自强不息"做得如何。"有志者,事竟成,破釜沉舟,百二秦川终属楚;苦心人,天不负,卧薪尝胆,三千越甲可吞吴"。国外有言:"自助者天助"。自救就是上帝之救。不自救者上帝不救。从某种意义上说,有高远之志,持之以恒之志,追求不息之志——就必然会成功。"大志是成功的基因"。成功就是大志的展开。旧时说书的,为了说明一个人胸怀大志,与众不同,往往托言他是天上星宿或神仙下凡,担负上天使命的,所以从小志向就与众不同。例如,说岳飞乃大鹏金翅鸟下凡,是上天派来抗金保民的。说包拯是文曲星下凡,乃文神武相。刘邦是赤帝之子,孔子是凤生虎养鹰打扇。而一般没出息的"草民",乃草木之人,生死如腐草。这当然是小说家言。但他形象地说明了:有志之人,就是天神星宿下凡。有志之人,就是担负上天使命的神人。是注定要成功不朽的。

英法百年战争的时候,法国被英国战败占领,长期民不聊生。乡村16岁的少女贞德(Jeanne d'Arc)"听到"了上帝的召唤,汇聚民众

抗英,竟能战无不胜,旋风一般解放了一连串的被占领城市。这一段
历史传奇,充分说明了,"大志向""使命感"之所向无敌!

诸葛亮《勉侄书》言:"志当存高远,慕先贤"。其《诫子书》言:
"静以修身,俭以养德。非淡泊无以明志,非宁静无以致远。夫学须
静也,才须学也,非学无以广才,非志无以成学"。

三、天降大任,先苦其心

志当存高远,行需践弘毅。世界是物质的,"批判的武器不能代
替武器的批判"。"勤奋是成功的度量"。再好的战略战术设计,再好
的方法,再美好合理的目标志向,都要在长期曲折甚至艰苦痛苦的实
践中才能逐渐得到实现。

《论语》言:"士不可以不弘毅,任重而道远"。朱熹曰:"弘,宽广
也,毅,强忍也,非弘不能胜其重,非毅无以至其远。毅而不弘,则隘
陋而无以居之。弘大刚毅,然后能胜重任而远道"。

《孟子》曰:"天将降大任于斯人也,必先苦其心志,劳其筋骨,饿其体
肤,空乏其身,行拂乱其所为,所以动心忍性,曾益其所不能。人恒过,然
后能改;困于心,衡于虑,而后作;征于色,发于声,而后喻。入则无法家
拂士,出则无敌国外患者,国恒亡。然后知生于忧患,而死于安乐也"。

华罗庚诗曰:

> 积久方显寓公智,发白才知智叟呆。
>
> 埋头苦干是第一,熟练生出百巧来,
>
> 勤能补拙是良训,一分勤劳一分才。

小平邦彦(Kunihiko Kodaira,1915—1997)是获得 Fields 奖的东
方第一人(1954),神一样地证明了"黎曼-罗赫定理"。但他自己说,
他开始学习数学时,也是一片茫然。后来实在没办法,就抄书、抄定
理、抄证明、反复抄。他大学时抄过整本的范德瓦尔登写的《代数》
(一本经典教材),通过反复的抄写和背诵,他终于学会了抽象代数。
成为彪炳近代数学史的伟人。

四、海纳百川,重在奉献

"海纳百川,有容乃大;壁立千仞,无欲则刚"。做人要胸怀博

大，要能容得下人，坦坦荡荡。要搞五湖四海，不要蝇营狗苟。狗肚鸡肠、私欲熏心，人皆鄙之、人皆弃之。项羽，力拔山兮气盖世。为何"时不利兮骓不逝，虞兮虞兮奈若何"？刘邦，一介草民，何以能"大风起兮云飞扬，威加海内兮归故乡，安得猛士兮守四方"，开辟炎汉这中华千古之基？近我有诗评曰：

拔山莫效霸重瞳，到底羞颜过江东。

海内四方非虚语，中华千古歌大风。

做人要"海纳百川"，做事治学也要"海纳百川"。要能接纳、熟悉乃至于应用不同的流派、思想、方法、材料，而不是过于仅限一隅，那会造成太大的缺失。要很好处理专与博的辩证关系。试看观音菩萨的塑像，有一千只手，有的握笔、有的持花，事事皆为。这个是人们心中的理想完美形象。虽不能及，应尽力为之，行止仰止。

对人对事的"海纳百川"态度，其哲学基础在于我们做人做事的终极目的，在于生命的意义和价值之中。

爱因斯坦言："一个人的生命具有价值，只是当它有助于使所有人的生命都更高贵、更美丽。人生就是奉献，就是说，这是最高价值，其余的所有价值都在其次"（"The life of the individual has meaning only insofar as it aids in making the life of every living thing nobler and more beautiful. Life is sacred, that is to say, it is the supreme value, to which all other values are subordinate."）

爱因斯坦又说："科学只能被这样的人所创造，他们完全沉浸在追求真理和理解的渴望之中"（"Science can only be created by those who are thoroughly imbued with the aspiration toward truth and understanding."）。

马克思在1835年中学时代写道"那些为大多数人带来幸福的人是最幸福的人"。"如果我们选择了最能为人类福利而劳动的职业，那么，重担就不能把我们压倒，因为这是为大家而献身；那时我们所感到的就不是可怜的、有限的、自私的兴趣，我们的幸福将属于千百万人，我们的事业将默默地、但是永恒发挥作用地存在下去"。

五、先天弗违，承天时行

我们正处于一个创新的时代，世界上的创新日新月异。我们正处在一个改革的时代,中国遇到千年不遇的机遇。我们现在的青年人,遇到了史无前例的大机遇,需要大创新。我校更是一向高举改革创新的旗帜。南科大人响亮的口号是:敢为天下先！敢做改革旗帜,敢做现代示范田。培养的人才要敢于创新、善于创新,敢于开宗立派,创经天纬地新理论,引领科学发展和时代潮流。

《易·乾》曰:"先天而天弗违,后天而奉天时"。就是说,先于天而创新,天不会违背;应感受和承接天(客观)的情况和变化,与时偕行。

中国历来有"敢为天下先"和"不敢为天下先"两派之争。例如老子《道德经》有言:"我有三宝,持而保之:一曰慈,二曰俭,三曰不敢为天下先。……不敢为天下先,故能成器长。……舍后且先,死矣!"意思就是,我持有珍藏三大法宝:第一是仁慈,第二是俭啬,第三是不敢在天下争先。因不敢居前争先所以才能为众人拥戴成为官长。如果一味居前争先而希望获得拥护,不仅不可能,而且注定是死路一条。

那么,为什么易经说"先天而天弗违"呢,朱熹解释道:"先天不违,谓意之所为默于道契"。也就是说,先于天的所为都是"默于道契"的,即暗合天意,所做的都是天欲做尚未能做的,是默会天意而替天行道,天当然就不怪罪了。换句话说,这里"先于天"的所为,不是胡乱为之的,是合于天意的,当然天弗违了。而老子所言,也是不能"违天而强为"的意思。故二者并非完全抵触,是各有强调。

在认知科学的征程上,当然要遵循"天"的规律而行。但更重要的是敢为天下先,创造天下所没有的。可以说,每一项真正的科研成果都是天下先的。不敢为天下先则必然落后。

《易·乾》又接着说:"夫大人者,与天地合其德;与日月合其明,与四时合其序,与鬼神合其吉凶,先天而天弗违,后天而奉天时。"而与此相对的《易·坤》说:"坤至柔而动也刚,至静而德方。后得主而有常,含万物而化光。坤道其顺乎?承天而时行"。综合而言,我们要培养品德高尚才学杰出的人才(大人),能与客观结合,与人民同心,代表先进光明的趋向,顺应时代发展,在顺逆正反的矛盾进程中能从容应对。敢于先天下而创新,引领潮流。也能适应依照客观规律的变化而与时代俱进。等等。

六、南方科技大学之歌

现将上述有关的学习学风—人生理想浓缩,献一支《南方科技大学之歌》:

南方科技大学之歌

张贤科 词曲

1 = F   2/4   庄严宏大

(13 555 | 35 666 | 56 iii i | 0i | 76 55 |

65 65 | 31 23 | 1· 1 | 1 0 |)

3·2 | 1 5 | 26 | 5- | 6·5 | i 3 | 2 3·1 | 2- |
南 海 滔滔 风雷 卷, 大 鹏 展翅 向九 天。

33 2 | 5 3 | 23 21 | 6 | 5 5 | 5 5 | 5- |
中华 民族 伟大复 兴, 崛起 南科 大 -

556 53 | 556 53 23 | 25 | 1- | 6 65 | 121 6 |
开拓 进取, 创新 敢为 天 下 先。 行践 弘 毅,

121 65 | 6- | 3 3 2 | 35 3 | 335 32 | 3- |
志存 高 远。 科学 顶 峰 勇于 登 攀。

13 55 | 35 66 | 56 ii i- ‖ 176 55 |
自强 不息, 独立 自主, 海纳 百川, 天降 大任,

┌─1─┐   ┌─2─┐
65 65 | 31 23 | 1- ‖ 3 1 | 5 67 | i--- ‖
大道 之行 我 当 前! 我们 当 前!

(2015 年秋于南方科技大学)